KB068071

SIMPLY IN SEASON

SIMPLY IN SEASON

심플리 인 시즌

지금, 우리가 계절을 살아가는 방법

이소영 글 김현정 사진

BOOK AGIT

Prologue

Intro

낯선 나라를 여행하다가 우연히 들어선 식당에서 저녁을 먹게 되는 경우가 종종 있다. 이 식당은 메뉴판이 없는 곳이다. 셰프는 우리를 위해 레스토랑 안뜰에서 지금 막 피어 오른 재료들을 가지고 만든 그날의 요리를 차례차례 테이블에 내주었다. 예쁜 정원인 줄 알았던 곳에 빨갛게 익은 채로 달려 있던 토마토 하나가 샐러드 접시 위에 그대로 올라오다니. 입안에서 터지는 제철 토마토의 향과 충분한 단맛이 설탕 없이도 샐러드의 달콤함을 극대화해주었다. 코스별로 이어지는 재료 하나하나가 전부 지금 이 계절을 말해주는 요리였다. 이 놀라운 테이블을 만나기 위해 특별한 노력을 들였던 것은 아니었다. 긴 여행 끝에 지쳐 있던 우리에게 우연히 만난 선물 같은 테이블처럼, 인시즌은 그렇게 어느 날 갑자기 시작되었다.

Farmer's Daughter

태어날 때부터 농부의 딸로 크진 않았다. 서울에서 대기업을 다니던 아버지의 소원, 늙으면 강가에 집 짓고 낚싯대나 드리우며 사시겠다던 것이 현실이 되는 데 걸린 시간은 불과 3주였다. 첫눈에 반해 구경하러 들어갔던 충청북도 괴산군 강가의 어느 돌담 집. 그 집 앞에 배나무가 500그루 정도 심겨 있었던 것이 이 모든 일의 시작이었는지도 모른다. 졸업도 안 한 대학생 딸 둘만 남겨두고 훌쩍 내려가신 부모님의 귀농이 벌써 10년이 넘은 이야기가 되었다.
그 해 늦여름 한반도에는 유례없는 태풍이 몰아쳤다. 유달리 강한 바람 때문에 전국적으로 역사적인 과수 피해를 기록했고, 우리 농원의 배도 70퍼센트 가까이 떨어졌다. 떨어진 배를 다 버릴 수는 없었다. 꼭 과일을 과일로만 팔아야 할까? 가공을 해서 제품으로 만들 수는 없을까? 사과 과수원 조카와 배 과수원 딸 둘이 같은 대학원에서 동일한 태풍을 만난 것은 우연이 아니었다.

Indie Food Brand

당시만 해도 '로컬 푸드'보다는 '지방 특산품'이라는 단어가 더 익숙한 시점이었다. 지역의 특산품이나 전통적인 제품을 잘 디자인하여 팔고 있는 곳을 보기 위해 겨울방학에 일본 교토로 시장조사를 떠났다. 여기서 처음으로 우리나라에는 없는 종류의 제품과 유통 경로들을 발견했다. 예를 들면 농가에서 작은 규모의 목장을 하고 그 우유로 버터와 치즈를 직접 만드는 것처럼. 그렇게 만든 수제 가공품들을, 로컬 제품들을 주로 취급하는 편집숍이나 백화점의 수제품 코너에서 팔고 있었다.

Indie Food: 대기업이 아닌 소규모 회사나 독립된 개인들이 열정, 창의성, 장인정신으로 직접 만든 음식. 뉴욕에서는 이미 몇 해 전부터 '인디푸드 운동'이라는 이름으로 글로벌 트렌드가 시작되었으며, 우리에게 진정 가치 있는 음식이란 무엇인가라는 질문을 지금껏 던지고 있다.

2011년 초, 우리나라의 모든 슈퍼는 아직 평등했다. 수입 제품을 제외하면, 마트든 백화점이든 특히 가공식품은 파는 제품이 크게 다르지 않았다. 대량 생산하지 않아도, 가격 경쟁하지 않아도 제품의 가치를 인정받는 로컬 브랜드, 수제 식품 시장이 한국에서도 열릴 수만 있다면 인시즌에게는 너무 솔깃한 이야기였다.

Cafe IN SEASON

인시즌이 시작된 날부터 우리의 첫번째 꿈이자 목표는 카페를 갖는 것이었다. 여기서 '카페'란 단순한 매장을 의미하는 말이 아니었다. 당시 우리가 해보고 싶은 모든 꿈을 펼쳐볼 수 있는 총체적인 공간을 의미했다. 동시에 우리가 누구인지를 보여줄 수 있는 유일한 공간이기에 카페 벽의 페인트 컬러 하나에서부터 고객들이 음료를 마시는 컵 하나까지 최선을 쏟아부을 수밖에 없었다. 카페의 모든 기준은 지극히 주관적이었다. 고재(古材, 오래된 나무 재료)로 된 나무 테이블을 제작하기 위해 경기도를 헤매고, 철제 수납 시스템을 직접 디자인해서 을지로에서 쇠를 접어다 드릴로 벽에 붙였다. 의자 하나, 티스푼 하나도 우리가 가장 사랑하는 것들로만 선별해서 가져다 두었다.

이렇게 공들인 카페에서 해보고 싶었던 것은 또 얼마나 많았을까. 첫 해에는 야심 차게 카페 밀을 준비했는데 워낙 재료비를 아끼지 못했다. 연희동의 '사러가 마트'(유기농 마트)에서 카페 식재료 장을 봤다. 1층 카페에서는 그날 만들 수 있는 모든 메뉴를 서비스했다. 유일한 타협이 있다면 핸드드립 커피 정도였다. 디저트도 계절마다 욕심껏 다 해봤다. 오랜 로망이었던 시나몬 롤을 재현하는 데 성공했고, 아침마다 스콘을 2판씩 굽고 직접 만든 잼과 함께 선보였다. 직접 타르트 판을 구워 치즈 타르트를 만들고 제철 과일을 넘치도록 올리고, 주문 후 25분을 기다리면 갓 구운 애플 갈레트를 맛볼 수 있도록 했다. 아직도 오븐에서 애플 갈레트가 구워지며 나던 그 달콤한 버터 향기를 기억한다.

그렇게 뜨겁게 뛰어다니던 2년이 지나갔다. 지난 그 시간들은 우리의 수많은 처음으로 정말 빼곡히 채워져 있었다. 누군가의 결혼식을 우리 음식으로 채웠던 것도, 누군가의 돌잔치를 위해 카페 테이블 위에 돌상을 차렸던 것도. 와인에 어울리는 코스 메뉴를 개발하느라 재료비가 음식 가격보다 더 나오는 일도 종종 벌어지는 상황이었다. 계절별로 바뀌어야 하는 디저트와 음료를 개발하고, 매달 잡지에 레시피가 실리기도 했다. 그 공간에 찾아온 다양한 분들과 만나며, 매번 새로운 일들이 시작되었다. 이 책에 대한 이야기가 시작된 것도 그 카페였다. 그렇게 숨가쁜 시간들이 지나가는 동안 주변 상황들도 달라졌다. 건물의 주인이 바뀌자, 연희동에 안녕을 고해야 하는 시간이 생각보다 빨리 다가왔다. 카페를 정리하는 일은 그 속에 담겼던 수많은 기억들을 정리하고 기억하는 시간이 되었다. 그래도 정말 다행인 것은 지난 2년간의 카페가 고스란히 이 책 속에 사진과 레시피로 남아 있다는 것이다.

special tea, seasonal sweets

Someone's Recipe

처음 카페를 준비하면서 수없이 레시피를 찾았다. '스콘'이라는 한 가지 빵을 만드는 수천 가지의 방법들이 온라인부터 전문서적에서 쏟아져 내렸다. 수백 가지의 스콘 레시피를 다 읽고서야 알게 되었다. 어떤 스콘을 만들 것인가에 대한 스스로의 기준이 없었다는 것을. 그리고 그 기준은 결국 만드는 사람에 따라, 취향에 따라 그리고 그의 입맛에 따라 전부 달리 해석될 수 있다는 것이다.

누군가의 레시피를 가지고 요리하는 순간에는 기묘한 설렘이 있다. 어릴 적 부엌에서 콩나물 대가리를 따며 어깨너머로 불 위에서 무엇이든 뚝딱 만들어내던 엄마를 바라보던 시간처럼, 나의 부엌에 누군가의 그림자를 드리우고 그와 함께 요리하는 기분이 들기도 하니까. 지극히 주관적인 경험이지만, 유명 셰프의 레시피라고 성공률이 높다고는 말할 수 없다. 그 이유는 요리를 하는 사람이 자신이기 때문이다. 이국적인 스파이스를 쓸 때면 정말 이렇게 많이 넣어도 될까 싶은 경우가 태반이고. 소심하게 절반만 넣었다가 아무 맛도 안 나는 경우도 비일비재하다. 반대로 너무 과신해서 정량을 넣었다가 한국인이 절대 소화할 수 없는 현지 요리가 탄생하는 경우도 감수해야 한다. 이쯤 되면 "먹는 거로 장난치는 거 아니야!" 하는 엄마의 잔소리가 들리는 것도 같다. 정말 안타까운 점은 이 많은 레시피를 전부 다 테스트하기에 우리의 주말은 너무 짧다는 사실이다.

가끔 그런 생각을 했다. 음악처럼 레시피도 누구나 완벽히 재생할 수 있다면 얼마나 좋을까. 영국의 요리 전문서점 Books for Cooks에는 항상 셰프가 있고, 그들이 읽은 수많은 레시피 중 좋아하는 요리를 직접 만들어 서비스한다. 새로운 요리책을 발표하는 날이면 저자가 직접 주방에서 책에 실린 레시피를 요리해서 선보이는 쇼케이스를 함께 열기도 한다. 원곡 가수가 불러주는 작은 콘서트처럼, 요리책의 저자가 선보이는 레시피를 맛볼 수 있는 유일한 시간. 순간적인 맛에 대한 기억이 얼마나 오래 간직될지 알 수 없지만, 책 속의 맛에 대한 직접적인 기준이 생긴다는 것은 매우 매력적인 일이다. 이제 그 레시피로 요리를 해보면 최소한 작가의 의도대로 만들었는지 아닌지 정도는 구별할 수 있으니까. 상상 속의 레시피가 책 밖으로 걸어 나오는 유일한 순간이다.

누군가가 만든 음식에는 결국 그 사람의 기준이 낱낱이 드러나고 만다. 그래서 레시피를 정리하는 작업은 인시즌 주방의 가장 비밀스러운 부분까지 다 공개하는 것 같은 부끄러움과 두려움이 공존하는 시간이었다. 다만, 세상에 완벽한 레시피는 없다고 믿는다. 각자 원하는 맛을 찾기 위한 뚜렷한 기준이 필요할 뿐. 지금 이 계절에 당신에게 가장 적합한 레시피를 우리의 사계절 속에서 발견할 수 있기를 바란다.

Heat
donna hay
Seasons

Contents

Spring

Summer

6월 / 산딸기, 오디

7월 / 매실, 살구, 자두

8월 / 바질, 토마토

Autumn

Winter

Spring

3월
/
딸기

"First Day of Spring or Last of Winter"

- by Ron Padgett

"봄의 첫날, 혹은 겨울의 마지막 날." 시인 론 패짓의 말처럼 오늘은 그런 날이었다. 아직 겨울이 다 지나간 것 같지 않음에도 불구하고 입맛이 제일 먼저 달라지기 시작했다. 공기 속에 미세하게 떠돌기 시작한 새로운 계절의 기운을 놓칠세라 코끝부터 온몸의 감각들이 예민해지고, 부드럽던 밀크티가 조금은 텁텁하게 느껴졌다. 입안에서 이미 시작된 봄.

의외로 과일에 인색한 계절이 봄이다. 지난 가을에 수확한 열매들이 여전히 시장에 나오지만 생기가 부족하고, 산딸기나 자두 같은 열매들은 봄이 다 지나야 나오기 시작한다. 과일이란 대개 딸기가 전부다. 막상 꽃 피는 계절에 열리는 과일이 드물다는 사실은 실감이 안 나지만 생각해 보면 그 이유는 많은 과일의 자리를 딸기 하나로 다 채워 내기에 충분하기 때문일지도 모르겠다. 봄철에 그리운 새콤달콤함을 채워 내기에 이만한 과일이 없는 것도 사실이다.

Strawberry Syrup

딸기 시럽

계절을 잃어버린 도시의 식탁에서 딸기는 1월부터 6월까지 먹을 수 있는 과일이 된 지 오래다. 하우스 딸기가 1월부터 나오고, 노지 딸기는 6월까지 남아 있기 때문이다. 4월이 다 가도록 언제 딸기가 나오려나 기다리던 어린 날의 기억은 이제 공감하기 어려운 추억이 되고 말았다. 그래도 노지 딸기가 제대로 익어 나오기 시작하면 일 년 중 가장 딸기가 맛있는 시절이 온다. 딸기 시럽은 지금 만들어야 한다. 딸기 향기가 온 땅 위에 차고 넘치는 지금.

1L 분량

ingredient

생딸기 500g
설탕 500g
레몬즙 3⅓tbsp(50ml)

method

1 흐르는 물에 씻은 딸기는 꼭지를 딴 다음 물기를 제거한다.
2 딸기를 잘게 썰어 동량의 설탕과 함께 섞는다.
3 그대로 2시간 정도 물이 나올 때까지 놓아 둔다.
4 3을 믹서기에 가볍게 한 번 갈아 준 다음 분량의 레몬즙을 넣는다.
5 밀폐 용기에 담아 냉장고에서 하루 정도 숙성시킨다.

◦ 완성한 딸기 시럽은 밀폐 용기 상태로 냉장 보관하면 4주까지 먹을 수 있다.
◦ 생딸기가 없는 계절에는 냉동 딸기를 사용한다. 분량은 생딸기와 같이 500g을 준비한다.

딸기 에이드 만드는 방법(300ml 분량)

ICE 딸기 시럽 2tbsp+차가운 탄산수 200ml+얼음 10개+생민트잎 3~4장+장식용 딸기 슬라이스 2~3개

Strawberry Yogurt Ice Cream

딸기 요거트 아이스크림

엄마가 만들면 딸기 아이스크림도 남달라진다. 일단 숟가락으로 잘 떠지지도 않을 만큼 딸기를 잔뜩 넣어 아이스크림 반 딸기 반이 되고 만다. 아무래도 여러 번 꺼내 긁어 주기 힘들다 보니 전문점처럼 달고 부드럽진 않지만, 신선한 우유와 딸기의 맛이 투박한 크림 속에 가득 차 있다. 딸기 맛으로 가득한 아이스크림이 될 수밖에 없는 정직한 레시피. 단 하나뿐인 엄마의 맛이 더 맛있어지도록 잘 익은 딸기를 넣는 것이 중요하다. 아이스크림이 표면만 살짝 얼었을 때 스푼을 이용해 긁어 주거나 부수면 아이스크림이 더 부드러워진다.

4인분

ingredient

생딸기 250g
딸기 시럽 3⅓tbsp(50g)
설탕 5tbsp(50g)
생크림 200ml
플레인 요구르트 150g

method

1. 준비한 생딸기, 딸기 시럽, 설탕을 함께 넣고 손으로 잘 으깨 준다.
2. 볼에 생크림을 넣고 단단하게 뿔이 올라올 때까지 저어 준다.
3. 1에 2와 플레인 요구르트를 부은 다음 냉동실에 넣어 3시간 정도 얼린다.
4. 3시간이 지나면 꺼내서 한 번 고루 뒤섞어 주고 다시 냉동실에서 반나절 정도 얼려 준다.
5. 먹기 전에 살짝 냉장고에 넣었다가 꺼내 먹으면 더 부드럽게 즐길 수 있다.

Strawberry Cheese Cake

삼색 딸기 크림치즈 케이크

커다란 판에 만드는 케이크는 은연 중에 파티를 떠올리게 한다. 요즘 주변에서도 포트럭 파티(Potluck Party)처럼 작고 소소한 모임들이 많아졌다. 초대받은 파티에 빈손으로 가기 신경 쓰인다면, 다 같이 먹을 만한 디저트를 하나 만들어 가는 것도 좋은 선물 중 하나다.
기본적으로 딸기 치즈 케이크는 아이들부터 어른들까지 싫어하는 사람이 거의 없다. 굽지 않아도 되니 만드는 것도 간단한 편. 모두가 사랑하는 오레오 쿠키를 케이크 바닥에 깔아 주면 레드, 화이트, 블랙의 삼색 케이크가 만들어진다.

8~12조각 분량

ingredient

오레오 층: 오레오 쿠기 20개, 무염버터 100g
크림치즈 층: 실온에서 녹인 크림치즈 250g, 슈거파우더 95g, 레몬 즙1/4tsp, 플레인 요거트 100g, 젤라틴 3장, 생크림 200g
딸기 젤리 층: 딸기 시럽 200g, 젤라틴 4장
20x20cm 사각 케이크 틀

method

오레오 층

1 준비한 오레오 쿠키는 가운데 크림을 제거한 뒤 잘게 부순다.
2 소스 팬에 분량의 버터를 녹이고, 1에서 부순 오레오 쿠키를 넣어 잘 섞어 준다.
3 케이크 틀에 쿠키를 2cm 두께로 고르게 깔아 준 다음 냉장고에서 10~20분간 굳힌다.

크림치즈 층

4 젤라틴은 찬물에 불려 놓고, 준비한 생크림은 부드럽게 뿔이 올라올 때까지 저어 준다.
5 핸드믹서로 분량의 크림치즈와 슈거파우더를 함께 섞은 다음, 레몬즙과 요거트를 넣고 다시 섞는다.
6 미리 불려 놓은 젤라틴을 전자레인지에 넣고 30초 돌려 액체로 만든다.
7 5에 휘핑한 생크림 절반과 액체로 녹인 젤라틴을 넣고 섞는다.
8 이어서 남은 생크림을 다 넣고 섞어 크림치즈를 만든다.
9 3의 오레오 층 위에 8의 크림치즈를 2cm 두께로 고르게 펴 바르고 냉장고에서 2시간 이상 굳힌다.

딸기 젤리 층

10 준비한 딸기 시럽과 젤라틴을 섞는다.
11 9의 크림치즈 층 위에 2cm 두께로 고르게 펴 바른다.
12 냉장고에서 1~2시간 정도 굳혀 케이크를 완성한다.

◦ 만드는 시간을 줄이고 싶다면 냉장고 대신 냉동실에 30분 정도 넣어 굳혀도 좋다.

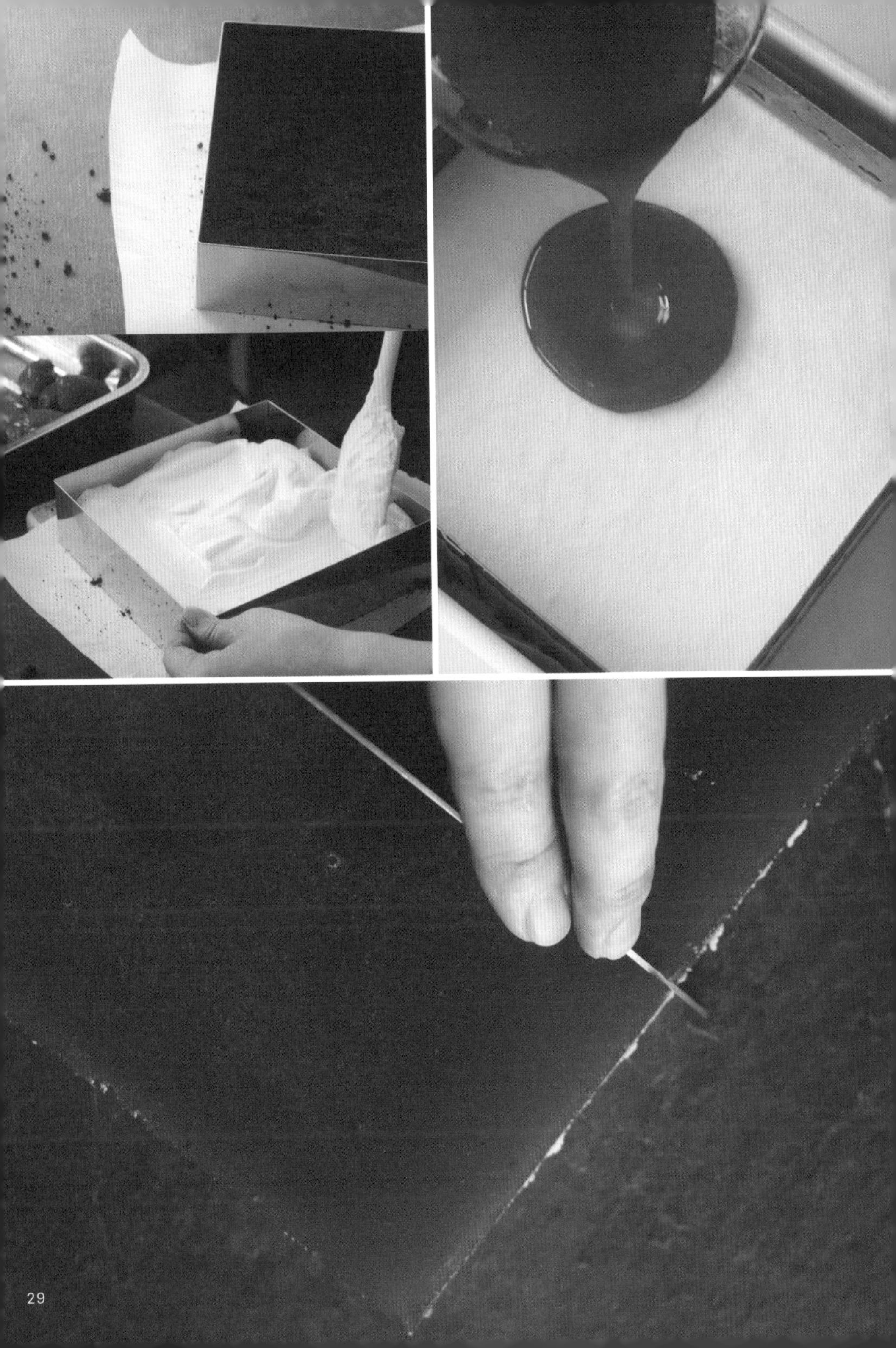

Roasted Strawberry

구운 딸기

남은 과일로 딱히 무엇을 만들기도 번거롭고 생으로 먹기도 힘들 때 쓰는 비법이 하나 있다면 '굽는 것'이다. 오븐에서 구워 적당히 그슬리면 달콤함은 더욱 농축되고, 구수한 맛이 더해져 과일 본연의 맛이 진해진다. 그냥 먹기엔 싱거운 딸기도 잘 구워 내면 군고구마처럼 제대로 구운 맛을 낼 수 있다. 아무리 생각해도 딸기의 맛이 약하다면 굽기 전 표면에 설탕을 약간씩만 뿌려 주자.

4인분

ingredient

딸기 450g
설탕 2tbsp

method

1 딸기는 꼭지를 제거하고 깨끗이 씻어 물기를 뺀 뒤 반으로 자른다.
2 볼에 손질한 딸기와 분량의 설탕을 넣고, 딸기 표면에 설탕이 고루 묻게 살살 뒤적여준다.
3 오븐 팬 위에 딸기 잘린 단면이 위로 향하도록 놓고 180도로 예열된 오븐에서 20분간 구워 준다.

Roasted Strawberry Jam

구운 딸기 잼

이 많은 딸기를 구워서 다 어디에 쓸까. 구운 딸기는 설탕 양을 맞춰 냄비에 넣고 졸이면 기존의 딸기 잼과는 향과 맛, 색이 다른 잼이 된다. 고구마와 군고구마의 차이와 비슷하다고 할까. 실제로 이탈리아에서는 아이스크림을 먹을 때 구운 딸기 잼과 견과류를 올려 함께 즐긴다. 아침 토스트에 얹어 먹어도, 요거트 위에 올려도, 와플이나 팬케이크, 크레페와 같은 브런치에 곁들여도 좋다.

300g 분량

ingredient

구운 딸기 300g(만드는 방법 30쪽 참조)
설탕 5tbsp(150g)
레몬즙 약간

method

1 냄비에 분량의 구운 딸기와 설탕을 넣고 중간 불에서 끓인다.
2 한 번 크게 끓어오르면 레몬즙을 넣은 다음 약한 불로 줄여 국물에 점성이 생길 때까지 졸인다.
3 국물에 점성이 생기고 잼 형태를 갖추면 불을 끄고 소독해 둔 유리병에 담는다.
4 유리병 뚜껑을 닫고 위아래로 뒤집어 병 속 공기를 빼준다.

- 구운 딸기로 잼을 만들 때는 일반 잼보다 빨리 점성이 생기니 유의한다.
- 잼 병 속 공기 빼기(탈기 처리): 뜨거운 잼을 병에 넣고 뚜껑을 닫은 뒤 위아래를 뒤집어 주면 온도에 따른 병 안쪽과 바깥쪽의 기압 차로 병 내부를 진공 상태로 만들어 준다. 이 단계를 거쳐야 잼을 오래 두고 먹을 수 있다.

Handmade Peanut Butter

홈메이드 땅콩버터

한 번 만들어 먹기 시작하면 파는 제품은 먹기 힘들어진다. 고소함의 차이가 생각보다 크기 때문에. 맛과 향도 완전히 다르다. 들어가는 기름도 직접 확인할 수 있어 안심이고, 설탕이나 소금 양도 입맛에 따라 조절 가능하다. 미국에서는 땅콩 대신 아몬드나 캐슈너트로도 만든다. 믹서만 튼튼하다면 넉넉히 만들어 친구들에게 선물하기도 좋다.

150g 분량

ingredient

땅콩 150g
견과유 2⅓tsp(35g)
설탕 2tbsp
소금 약간

method

1 땅콩을 기름 없이 프라이팬에 구워 고소한 맛을 끌어올린다.
2 한 김 식으면 껍질을 깐 다음 조금씩 나눠 믹서에 갈아 준다.
3 조금 되직한 느낌이 들면 견과유, 설탕, 소금을 넣고 잘 섞이도록 갈아 준다.
4 소독해 둔 밀폐 용기에 땅콩버터를 담아 냉장 보관한다.

Roasted Strawberry Cacao Sand Cookie

구운 딸기 잼 카카오 샌드 쿠키

땅콩버터에 딸기 잼이라니. 처음 쿠키를 만들 때 이런 조합은 반칙이라고 생각했다. 심지어 베이스는 초콜릿 향 가득한 카카오 쿠키. 카카오의 쌉싸름한 맛이 지나칠 수 있는 단맛을 잡아 주니 무조건 맛있을 수밖에 없다. 하지만 이 레시피를 더 맛있게 바꿀 수 있다면 어떨까? 시판 제품 대신 땅콩버터를 직접 만들어 고소한 맛을 두 배로 살리고, 진하게 그을린 맛의 구운 딸기 잼을 올려 풍미를 더한다면? 먹어 보지 않아도 맛이 눈으로 보일 것이다.

25~30개 분량

ingredient

샌드: 버터 125g, 설탕 110g, 달걀 1개, 바닐라 익스트랙 2tsp, 박력분 225g, 코코아 파우더 25g
필링: 땅콩버터, 구운 딸기 잼(만드는 방법 32쪽 참조)
지름 3cm 쿠키 틀

method

1. 실온에서 녹인 버터를 핸드믹서나 거품기로 부드럽게 풀어 준 다음 분량의 설탕을 넣고 버터가 뽀얗게 될 때까지 저어 준다.
2. 1에 달걀, 바닐라 익스트랙을 넣고 섞는다.
3. 이어서 체에 거른 박력분과 코코아 파우더를 넣고 반죽해 한 덩어리로 뭉친다.
4. 비닐백에 넣어 냉장고에서 1시간 이상 휴지시킨다.
5. 휴지시킨 반죽을 0.5cm 두께로 밀어 준 다음 쿠키 틀로 찍어 쿠키 모양을 만든다.
6. 180도로 예열된 오븐에 넣어 7~8분 정도 구워 준다. 다 구운 쿠키는 실온에서 식혀 준다.
7. 쿠키가 완전히 식으면 한쪽 면에 땅콩버터로 원을 그려 주고, 원 안에 구운 딸기 잼을 올린다.
8. 쿠키를 덮어 샌드를 완성한다.

4월

/

하귤

제주는 봄에도 귤이 있네

제주만큼은 뭐가 달라도 다르다. 이제 겨우 꽃잎 날리는 봄날이 시작된 서울과 달리 일찌감치 꽃핀 지 오래다. 한겨울에도 푸르른 섬답게 거리의 가지마다 자몽만 한 크기로 귤이 달려 있다.

4월에 만나는 제주의 귤은 하귤이다. 우리나라에서도 오렌지가 나는 구나 하고 착각할 만큼 커다란 크기에 두꺼운 껍질을 가지고 있어 '자몽 감귤'로도 불리는 하귤은 '여름'을 의미하는 이름과 달리 봄의 한복판에 수확이 시작된다. 지난겨울은 제주임에도 불구하고 너무 추웠던 걸까. 올봄엔 냉해를 입어 하귤 수확량이 많지 않다는 안타까운 소식을 들었다. 나뭇가지마다 그득하게 달려 있는 하귤을 두 눈으로 확인할 수 있는 날들이 얼마 남지 않았다는 이런저런 핑계로 냉큼 제주행 비행기표를 끊었다.

1박 2일이라 해도 당일치기에 가까운 일정이지만 봄날 제주로 가는 길만큼은 콧노래가 절로 나는 것을 막기 어려웠다. 농원으로 가기 위해 농부의 트럭 짐칸에 타고 지나온 길을 바라보며 좁은 산길을 달리는 기분만큼 자유로움을 만끽할 기회도 드물다.

농원에 내리자 저 멀리 하귤 나무들이 보였다. 어릴 적 《나의 라임오렌지나무》 삽화에서 보았던 딱 그 나무였다. 가지마다 무거워 보이는 커다란 열매들이 가득 매달려 있어 얼른 내려 주고 싶은 생각이 들었다. 그런데 의외로 태풍이 오지 않는 한 8월까지도 끄떡없이 매달려 있다고 한다. 문제는 지난겨울의 추위였던 모양이다. 밭 한쪽 구석에는 겨우내 다 크기 전에 추위를 못 이기고 떨어진 열매들이 작은 동산을 이루며 노랗게 쌓여 있었다.

하귤 다루기

1 씻기

감귤계 과일들로 저장식을 만들 때 특히 그 향기를 좌우하는 것이 겉껍질이다. 그래서 먼지나 잔여 농약 등의 염려에서 벗어나 껍질까지 건강하게 먹을 수 있도록 깨끗이 씻어 내야 한다. 베이킹 소다를 적당히 풀어 준 물(물 1L에 베이킹 소다 10g)에 하귤을 넣고 문지르듯이 씻어 준 뒤, 식초를 소주잔으로 1컵 정도 넣어준다. 베이킹 소다와 식초가 만나면 보글보글 작은 기포가 생기면서 살균 소독과 함께 껍질 표면의 오염 물질을 걷어 낸다. 그래도 구석구석 더 꼼꼼히 닦기를 원한다면 굵은 소금으로 과일 표면을 한 번 더 가볍게 문질러 줘도 좋다. 마지막으로 흐르는 물에 여러 번 헹군 다음 체에 밭쳐 그늘에 두고 물기를 말려 준다.

2 껍질 까기

제주의 자몽이라고 불리는 하귤은 크기도 자몽만 해서 한 손으로 잡기 조금 버겁다. 이처럼 크기가 큰 감귤계 과일은 껍질을 벗길 때도 약간의 요령이 필요하다. 먼저 작은 칼 하나를 준비한 뒤 칼 끝부분으로 꼭지를 동그랗게 도려낸다. 도려낸 꼭지 부분을 중심으로 4등분하듯 껍질 부분에만 살짝 십자(+)로 칼집을 낸다. 칼집 낸 부분을 따라 껍질을 벗겨 낸다.

3 알알이 벗겨 내기

하귤 청의 성패는 겉껍질과 알맹이 사이의 흰 부분을 얼마나 잘 제거했느냐에 달려 있다. 향기로운 겉껍질 바로 밑에 있는 흰 부분은 속에 든 알맹이를 감싸 외부 자극으로부터 보호해주는 역할을 하지만 청이나 잼에 들어가면 쓴맛을 낸다. 씨앗도 마찬가지. 하귤 손질에서 가장 번거롭지만 필요한 과정이 이 흰 부분과 씨앗을 제거하는 것이다. 이 작업이 끝나고 나면 비로소 우리는 하귤의 과육을 만나게 된다.

4 하귤 제스트 만들기

벗겨 낸 하귤 껍질은 치즈 그레이터를 활용해 제스트를 만든다. 하귤 향기의 에센스로 사용되는 제스트는 시럽과 잼, 베이킹 전반에 두루두루 유용하니 벗겨 낸 껍질은 버리지 말고 따로 보관해 두자. 그레이터에 껍질을 갈 때도 흰 부분이 섞이지 않게 노란 부분만 살짝 갈아 준다.

Summer Citrus Syrup

하귤 청

먹기보다 보기 좋다고 가로수로 심어 두는 하귤을 농사로 짓는 농원은 제주에서도 그리 많지 않다. 하귤은 열매가 크고 탐스럽게 달리지만 까 보면 알맹이는 얼마 되지 않고, 맛도 감귤보다 시큼한 편이다. 하지만 그냥 먹기에 부담스러운 하귤이 설탕과 만나면 맛은 먹기 좋게 새콤달콤해지고 특유의 향은 더 뚜렷이 살아난다. 감귤 대비 과육의 당도가 떨어지는 편이지만 껍질의 향기를 살려 마멀레이드나 음료 베이스로 가공하면 맛이 전혀 달라진다. 평범한 감귤 주스로는 따라잡을 수 없는 매력과 향기를 발견했다면 믿어질까.

3L 분량

Ingredient

하귤 3kg
설탕 2.7kg
하귤 제스트(준비한 하귤에서 벗겨낸 껍질로 작업한 양)

Method

1 깨끗이 씻어 물기를 말린 하귤은 껍질을 벗겨 내고 씨앗과 흰 부분을 제거해 속살만 남긴다(42쪽 참조).
2 속살을 분량의 설탕과 함께 비빈 다음 밀폐 용기에 넣고 실온에서 1~2일 정도 숙성시킨다.
3 벗겨 낸 껍질은 그레이터에 갈아 제스트를 만든다. 이때 흰 부분이 섞이지 않게 한다.
4 숙성시킨 하귤을 믹서에 넣고 곱게 간 다음 준비해 둔 하귤 제스트를 넣고 섞는다.
5 밀폐 용기에 담아 실온에서 3일간 숙성시킨다.

◦ 하귤 청은 냉장 보관 시 3개월, 냉동 보관 시 그보다 오래 두고 먹을 수 있다. 냉동 상태의 하귤 청은 한 번 해동하면 다시 냉동 보관은 어려우므로 한 번 먹을 분량씩 나눠 냉동 보관하고, 필요할 때 하나씩 해동해서 먹는 게 좋다. 냉동과 해동을 반복하면 맛과 제형이 변할 수 있다.

Summer Citrus Earl-grey Tea

하귤 얼그레이 티

초여름으로 들어가는 길목, 물만으로 갈증이 가시지 않는 이즈음에는 속 시원한 아이스티가 절실하다. 잉글리시 브렉퍼스트 같은 블랙티도 좋지만, 답답한 오후라면 좀 더 화사한 향기의 얼그레이를 추천한다. 티는 시간적 여유가 있다면 전날 밤 물병에 티백을 담가 두어 12시간 이상 냉침(Cold Brew)한 맛으로 즐겨 보자. 찻잎의 풍부한 향기가 더 섬세하게 겹겹이 녹아들어 뚜렷하게 맛볼 수 있다. 얼음이 부서질 정도로 시원한 얼그레이에 하귤 청을 살짝 곁들이면, 같은 감귤계 향기가 하나로 섞여 들고 산뜻한 단맛이 깔끔한 홍차의 맛을 더 편안하게 만들어 준다.

300ml 분량

Ingredient

물 100ml
얼그레이 티백 1개
얼음 20개(티포트에 넣을 급랭용 얼음 10개, 컵에 넣을 얼음 10개)
하귤 청 3⅓tbsp(50g)
하귤 슬라이스 1개
하귤 제스트 약간

Method

1 팔팔 끓인 물에 티백을 넣고 뚜껑을 덮어 5분간 우려낸다.
2 티포트에 얼음을 채우고 1에서 우려낸 홍차를 체에 걸러 내리며 차갑게 식힌다.
3 컵에 분량의 하귤 청과 얼음을 넣은 다음 식힌 홍차를 부어 준다.
4 하귤청과 홍차가 잘 섞이도록 저어 주고 하귤 슬라이스와 제스트로 장식한다.

하귤 얼그레이 티를 냉침법으로 만드는 방법(300ml 분량)

ICE 물 200ml+얼그레이 티백 1개+얼음 10개+하귤 청 3⅓tbsp+하귤 제스트 약간+하귤 슬라이스 1개

1 전날 밤 200ml의 물에 얼그레이 티백 1개를 넣어 냉장고에 넣어 둔다.
2 컵에 얼음을 넣고 1의 홍차를 부어 준다.
3 하귤 청과 홍차가 잘 섞이도록 저어 주고 하귤 슬라이스와 제스트로 장식한다.

Summer Citrus Milk

하귤 밀크

슈퍼에서 다양한 과일 우유를 살 수 있음에도 직접 만들어 보리라 결심한 것은 단 한 가지. 과일을 최대한 넣어 과육이 잔뜩 씹히는 진짜 과일 우유를 만들어 보고 싶다는 호기심 때문이었다. 그런 의미에서 하귤 밀크는 인시즌의 과일 우유 중 첫 번째 성공작이다. 네 살 조카를 생각하며 과일을 최대한 넣어 과육이 가득 씹히는 '진짜 과일 우유'를 만들었다. 그런데 엄마들이 더 좋아한다. 우유 속에서 풍부하게 느껴지는 하귤의 새콤달콤한 맛 덕분에 우유가 가진 묵직함이 한층 가벼워졌기 때문일까.

300ml 분량

Ingredient

하귤 청 4tbsp(60g)
하귤 슬라이스 1개
하귤 제스트 약간
우유 200ml
얼음 10개

Method

1. 유리컵에 분량의 하귤 청, 하귤 슬라이스와 제스트를 담는다.
2. 이어서 우유를 붓고 잘 저어 준다.
3. 원하는 만큼 얼음을 넣어 준다.

◦ 하귤 밀크티를 원한다면 200ml 우유팩에 홍차 티백을 1~2개 넣고 냉장고에서 24시간 우린 다음, 하귤 청과 슬라이스 그리고 제스트를 넣고 잘 저어 준다.

Summer Citrus Marmalade

하귤 마멀레이드

낯선 토끼를 쫓다 이상한 나라에 떨어진 앨리스는 선반 위에서 오렌지 마멀레이드라고 쓰여 있는 빈 병을 꺼낸다. 이상한 나라였기 때문일까? 잼이 아닌 마멀레이드라니. 그 무렵의 나는 잼과 마멀레이드의 차이를 몰랐다. 알게 된 것은 더 많은 시간이 흐르고 나서, 정확히는 하귤로 잼을 만들어야겠다고 생각했던 날이었다. 감귤계 과일은 유난히 그 향기가 껍질에 응축되어 껍질을 과육과 함께 졸여 잼을 만들고 이를 마멀레이드라고 부른다. 우리나라에서는 아직까지 가장 많이 먹는 잼이 딸기 잼이지만 미국식 아침 토스트의 정석은 살구 잼 혹은 오렌지 마멀레이드다. 그러니 《이상한 나라의 앨리스》에서 오렌지 마멀레이드가 나오는 건 지극히 당연한 일인 것이다. 하지만 만약 앨리스가 제주에 살았다면, 오렌지와 가장 흡사한 하귤 마멀레이드 병을 꺼내지 않았을까? 직접 발라 먹어도 좋지만 파운드케이크 등 다양한 베이킹에 넣을 수 있는 하귤 마멀레이드. 하귤이 가진 알싸하고 화사한 향기를 그대로 녹여낼 수 있다.

500~600g 분량

Ingredient

하귤 2개(약 700g)
설탕 300g

Method

1 깨끗이 씻어 물기를 말린 하귤은 껍질을 벗겨 내고 씨앗과 흰 부분을 제거해 속살만 남긴다(42쪽 참조).
2 벗겨 낸 껍질은 물과 함께 냄비에 넣어 8~10분간 끓인다.
3 말랑하게 데쳐진 껍질을 노란 부분만 남기고 흰 부분은 잘라낸다.
4 냄비에 노란 껍질, 속살, 설탕을 넣고 섞어 준다.
5 중간 불에서 끓이다 보글보글 거품이 올라오면 약한 불로 줄여 졸인다.
6 점성이 생기면 불을 끄고 소독해 둔 유리병에 담는다.
7 유리병 뚜껑을 닫고 위아래로 뒤집어 병 속 공기를 빼준다.

◦ 완성한 하귤 마멀레이드는 냉장 보관하면 3~4주까지 먹을 수 있다.

Summer Citrus Rosemary Pound Cake

하귤 로즈메리 파운드케이크

〈봄날은 간다〉 영화를 보고 나오던 길이었다. 지금도 눈에 선한 대나무 숲의 정경이 머릿속을 가득 채우고 그 시원한 바람 소리가 귓가를 맴돌았지만 입안에는 온통 씁쓸한 맛이 감도는 느낌이었다. 처음이 달콤하면 달콤할수록 끝난 뒤 짙어지는 쓰디쓴 여운. 이 쓴맛마저도 고요히 즐길 수 있는 때가 되면 비로소 어른이 되는 게 아닐까 생각했다.
하귤의 껍질에서 느껴지는 달콤함과 쌉쌀함이 소나무 향기를 가진 로즈메리와 하나가 되면, 비로소 어른스러운 맛이 파운드케이크에 담긴다. 굽고 하루를 기다리면 맛이 더 깊어지는 것은 모두가 아는 파운드케이크만의 비밀.

파운드케이크 1개 분량

Ingredient

무염버터 150g
달걀 3개
설탕 100g
박력분 200g
베이킹파우더 1tbsp
하귤 마멀레이드 150g
드라이 로즈메리 반죽용 1/2tbsp, 장식용 1/4tbsp
하귤 제스트 약간
11.5×21cm 파운드케이크 틀

Method

1 버터와 달걀은 실온에서 온도를 낮춰 두고, 볼에 박력분과 베이킹파우더를 넣고 체에 거른다.
2 큰 볼에 버터를 넣고, 거품기로 섞어 부드럽게 풀어 준다.
3 이어서 설탕을 넣어 섞어 준 다음 달걀 3개를 차례로 넣고 섞는다.
4 1에서 준비한 박력분과 베이킹파우더를 넣고 고무 주걱으로 섞는다.
5 약간 가루가 남아 있을 때 하귤 마멀레이드와 반죽용 로즈메리를 넣고 섞는다.
6 준비한 파운드케이크 틀에 베이킹 시트를 깔고 반죽을 부어 준다.
7 160도로 예열한 오븐에서 25분간 굽는다.
8 파운크케이크를 꺼내 윗면에 알루미늄 포일을 덮은 다음 140도 오븐에서 45분 더 굽는다.
9 오븐 안에서 천천히 식힌 다음, 파운드케이크 표면에 하귤 제스트를 살짝 뿌린다.

Summer Citrus Scone

하귤 스콘

영국식 티타임에서 스콘은 한식의 쌀밥 같은 존재다. 우리는 카페 인시즌을 준비하면서 차와 곁들일 우리만의 스콘을 찾아 나섰다. 정말 수많은 레시피로 스콘을 구웠다. 영국 왕실 오리지널 스콘 레시피부터 다양한 과일, 잼이 들어간 수십 가지 레시피로. 그러나 수많은 레시피를 만들면서 세상에 완벽한 스콘은 없다는 것을 알게 됐다. 결국 완벽한 스콘을 찾기 위해 필요한 것은 우리만의 뚜렷한 기준이었다. 지금 소개하는 스콘의 레시피는 저금껏 알려진 레시피들 중 제일 담백한 쪽에 속한다. 다양한 과일 잼을 따로 곁들일 수 있도록 스콘 자체는 기본에 충실한 쪽으로 선택했다. 차나 음료와의 어울림을 생각했을 때 가장 기본적이고 포근한 흰밥 같은 맛을 낼 수 있도록. 거기에 살짝 하귤의 향기만을 더하면 하귤 스콘이 된다.

12개 분량

Ingredient

하귤 1개(하귤 제스트 20g, 하귤즙 50ml)
박력분 250g
버터 55g
설탕 2tbsp
베이킹파우더 1tsp
소금 1/2tsp
우유 100ml
박력분 약간(덧가루용)
생크림, 설탕 적당량
하귤 제스트 약간

Method

1 하귤 껍질로는 제스트를 만들고, 과육 부분은 즙을 낸다.
2 볼에 분량의 박력분, 버터, 설탕, 베이킹파우더, 소금, 1의 하귤 제스트를 넣고 버터가 콩알만 한 사이즈가 될 때까지 모든 재료를 스크래퍼로 다진다. 푸드프로세서나 믹서기에 넣고 버터가 보이지 않을 때까지 갈아 줘도 된다.
3 2에 우유와 1의 하귤즙을 넣고 포크를 이용해 날가루가 없어질 때까지 반죽한다.
4 도마 위에 덧가루용 박력분을 뿌린 다음 스콘 반죽을 올려 기다란 김밥 모양으로 만든다.
5 이어서 지그재그로 잘라 작은 삼각형 모양을 만든다. 기호에 따라 동그란 틀이나 네모난 틀로 모양을 만들어도 된다.
6 반죽 윗면에 생크림을 바르고 설탕을 뿌린다.
7 175도로 예열한 오븐에서 18~20분 정도 구운 다음 따끈할 때 하귤 제스트를 올린다.

Picnic

Please Take Me Out

유난히 방 청소가 잘되는 날은 대체로 시험 전날이다. 원고 마감 전에는 언제나 시간을 많이 들이는 정성스러운 요리를 하고 싶어진다. 눈앞의 부담스런 일들은 그렇듯 뛰쳐나가고 싶은 욕망의 불씨를 갖고 있기 일쑤다. 이럴 땐 5월의 날씨도 좋은 핑계가 된다. 오늘 하루 넘긴다고 큰일 나지 않는다며 이런 햇살 좋은 날은 다시 오지 않을 수도 있다고. 스스로를 설득할 수 없다면 제발 누구라도 불쑥 찾아와 나를 저 밖으로 데리고 나가 주면 좋겠다.

우리는 풀밭 위의 점심 식사에도 배달 하나로 짜장면에서 치킨까지 다양한 메뉴를 시킬 수 있지만, 아일랜드는 좀 달랐다. 주말에 숲으로 가득한 공원에라도 나가려고 하면, 샌드위치라도 하나 만들어 가야 했다. 어지간한 공원은 우리나라 산 하나 넘는 크기이다 보니, 한 바퀴라도 돌다 보면 쉬이 목마르고 배고팠다. 집에서 싸 온 샌드위치에 어제 먹다 남은 치즈와 햄에 양상추가 전부일지라도 푸른 풀밭에서 먹는 맛은 남달랐다. 같이 넣어 온 씨 없는 포도 한 송이면 완벽한 주말의 점심이 완성됐다. 이제 베개용으로 넣어온 책 한 권 베고 누워 두둥실 떠 가는 구름에 넋을 놓다 보면 그렇게 한숨 깊이 잠들곤 했다.

언젠가부터 연남동 기찻길 공원이 '연트럴 파크'라고 불리기 시작했다. 봄가을 밖에 앉을 만한 날씨만 되면, 푸른 잔디가 보이지 않을 정도로 사람들로 빼곡하게 들어찬다. 심지어 돗자리 파는 아저씨들을 봐도 뉴욕의 센트럴 파크보다는 부산 해운대에 가까운 모습이다. 그렇게 그 좁은 틈을 타서 자리를 맡고 삼삼오오 사 오거나 싸 온 것들을 꺼내어 계절을 즐긴다. 이제 곧 두 팔을 걷어붙이고 부엌에 들어가야겠다. 샌드위치에 과일이라도 싸 들고 나가서 오늘 하루 다시 돌아오지 않을 5월을 누리리라.

Basil Caprese Panini

바질 카프레제 파니니

파니니는 이탈리아식 샌드위치를 뜻하는 말이다. 특별한 점이 있다면 샌드위치 필링이 들어가고 주로 모차렐라 등의 치즈를 얹어 그릴에 구워주는 핫 샌드위치로 알려져 있다는 것. 갓 데워진 따근따끈한 샌드위치 가운데를 잘라 주면, 그 사이로 쭉 늘어지는 치즈가 매력적이다. 여러 파니니 중에서도 바질 카프레제 파니니는 이탈리아를 대표하는 맛이다. 토마토와 바질 그리고 모차렐라 치즈는 샐러드로 즐겨도, 샌드위치로 즐겨도 좋을 만큼 환상의 조합이다.

1인분

Ingredient

파니니용 치아바타 1개
바질 페스토 2tbsp
생바질잎 5~6개
토마토 슬라이스 3개
모차렐라 치즈 적당량

Method

1 치아바타를 반으로 가른 다음 파니니 그릴에서 안쪽 면을 구워 준다.
2 아래쪽 치아바타에 분량의 바질 페스토를 넉넉히 바른다.
3 이어서 토마토, 생바질잎, 모차렐라 치즈를 차례대로 올린다.
4 위쪽 치아바타를 올리고 치즈가 충분히 녹을 때까지(2~3분가량) 파니니 그릴에서 굽는다.
5 다 구워졌으면 종이 포일로 감싼 다음 반으로 잘라 도시락 통에 넣는다.

Double Cheese Onion Panini

더블 치즈 어니언 파니니

흡사 잼에 가까울 정도로 잘 볶아진 양파에 발사믹 식초와 매실 청으로 간을 맞춰 샌드위치에 깔아 주면 미국식 파니니를 맛볼 수 있다. 새콤달콤한 어니언잼 위에 크리스피하게 구워 준 베이컨과 두 가지 치즈를 녹여 주면 완성.

1인분

Ingredient

파니니용 치아바타 1개
발사믹 양파 잼 3~4tbsp(72쪽 참조)
베이컨 3장
체다 치즈, 모차렐라 치즈 적당량

Method

1. 파니니 그릴에 베이컨을 바삭하게 구워 낸다.
2. 이어서 반으로 가른 치아바타의 안쪽 면을 파니니 그릴에서 구워 그릴에 남아 있는 베이컨 기름을 흡수시킨다.
3. 아래쪽 치아바타에 분량의 발사믹 양파 잼을 넉넉히 바른다.
4. 바삭하게 구운 베이컨, 체다 치즈와 모차렐라 치즈를 차례대로 올린다.
5. 위쪽 치아바타를 올리고 치즈가 충분히 녹을 때까지(2~3분가량) 파니니 그릴에서 굽는다.
6. 다 구워졌으면 종이 포일로 감싼 다음 반으로 잘라 도시락 통에 넣는다.

Apple Camembert Panini

애플 카망베르 파니니

유독 우유의 풍미가 진한 카망베르는 과일 잼들과 궁합이 좋다. 애플 잼을 발라도 좋고, 잼이 없으면 사과를 잘라 버터에 살짝 조린 다음 파니니에 넣어도 좋다. 달콤 짭짤한 맛을 제대로 즐길 수 있다.

1인분

Ingredient

파니니용 치아바타 1개
사과 1/2개
설탕 1tbsp
버터 1tsp
카망베르 치즈 1/4개(1개 125g 기준)
호두 4~5알
모차렐라 치즈 적당량

Method

1 프라이팬에 분량의 버터와 설탕, 얇게 썬 사과를 넣고 갈색이 되기 전까지 조린다.
2 아래쪽 치아바타에 1을 넉넉하게 올린다.
3 카망베르 치즈를 얹고, 호두를 잘게 부숴 골고루 뿌린 다음 모차렐라 치즈를 올린다.
4 위쪽 치아바타를 올리고 치즈가 충분히 녹을 때까지(2~3분가량) 파니니 그릴에서 굽는다.
5 다 구워졌으면 종이 포일로 감싼 다음 반으로 잘라 도시락 통에 넣는다.

Balsamic Onion Jam

발사믹 양파 잼

갈색이 날 정도로 오래 볶은 양파에서 나는 단맛과 감칠맛의 위력은 대단하다. 수제 버거의 고기 패티 밑에서 그을린 단맛을 담당하기도, 프랑스식 양파 수프의 기본이 되기도 한다. 카레를 만들 때도, 고기를 볶을 때도. 여기에 발사믹 식초가 더해지면 서양식 만능 양념장이 완성된다. 카나페, 샌드위치, 파스타 무엇이든 발사믹 양파 잼 하나면 감칠맛을 내기 쉽다.

Ingredient

양파 1개
올리브유 적당량
발사믹 식초 1/2tbsp
매실 청 1/2tbsp(취향에 따라 조절)
허브 믹스, 소금, 후추 약간씩

Method

1 양파는 껍질을 벗긴 뒤 반으로 갈라 0.3~0.5cm 두께로 채 썬다.
2 팬에 올리브유를 두르고 양파를 볶는다. 처음엔 센 불에서 볶다가 어느 정도 익으면 중약 불에서 완전한 갈색이 될 때까지 볶는다.
3 볶아 낸 양파에 분량의 발사믹 식초, 매실 청, 허브 믹스, 소금, 후추를 넣어 간을 맞춘다.
4 소독해 둔 유리병에 담아 뚜껑을 닫고 위아래로 뒤집어 병 속 공기를 빼 준다.

Sweet Potato Spring Quiche

고구마 봄나물 키시

처음 키시를 선보일 때 했던 설명은 '프랑스식 달걀찜'이었다. 프랑스 로렌 지방의 키시인 키시 로렌(Quiche Lorraine)이 제일 많이 알려져 있는데, 타르트 판에 치즈와 베이컨을 올리고 달걀과 생크림을 섞은 물을 부어 오븐에서 구워 내는, 일종의 속이 들어 있는 에그 타르트로 보면 된다. 프랑스에는 지역별로 다양한 키시 레시피가 있고, 기본이 되는 달걀과 생크림에 취향에 따라 어울리는 재료를 추가해서 즐길 수 있다. 막 구워 내 따뜻하고 부드러운 맛으로 즐길 수도 있고, 한나절쯤 식혀 두어 그 재료의 맛이 온전히 어우러진 상태에서 차게 먹기도 한다.

키시의 밑판을 꼭 타르트로 만들어야 할까? 하는 질문에서 시작된 것이 인시즌 식의 고구마 키시다. 바닥에 밀가루 반죽으로 판을 구워 내지 않고 삶은 고구마를 3~5mm 두께로 썰어 오븐 용기 바닥에 깔아 주었다. 이 고구마 층이 구워지면 밀가루 판 없이도 키시 전체의 틀 역할을 해 준다. 고구마 틀 위엔 시금치 혹은 봄나물을 올린다. 차례로 속 재료가 다 들어가면 달걀과 생크림 그리고 우유를 섞은 달걀물로 키시를 채워 주면 된다. 이제 오븐 앞에서 기다리는 일만 남았다. 전날 구워 미리 식히면, 파이 안에서 재료의 맛이 천천히 어우러져 그 맛이 두 배가 된다.

Ingredient

고구마 2~3개
취나물 1단(시금치로 대체 가능)
속: 베이컨 4장, 양파 1개, 느타리버섯 1팩
아파레이유(키시를 채워주는 달걀물): 달걀 4개, 생크림 125ml, 우유 150ml
장식: 가지, 양송이, 방울토마토, 치즈
소금, 후추 약간씩

Method

1 일반 키시와 달리 타르트 틀 부분을 삶은 고구마가 대신한다. 고구마를 삶아 껍질을 벗기고 적당한 두께로 썰어 오븐 용기의 바닥을 고르게 채워 준다.
2 취나물은 데친 다음 잘게 썰어 물을 꼭 짜내고 고구마 위에 고르게 펴서 올린다.
3 프라이팬에 베이컨을 구워 내고 남아 있는 베이컨 기름에 분량의 양파, 느타리버섯을 볶는다. 이때 소금, 후추를 사용해 간을 맞춘다.
4 3에 구운 베이컨을 잘게 다져 넣어 볶은 다음, 야채에서 빠지는 수분을 체에 걸러 준다.
5 볶은 재료들을 시금치 위에 고르게 올린다.
6 그 위에 가지, 양송이, 방울토마토, 치즈 등을 올려 윗면을 장식한다.
7 준비한 아파레이유 재료들을 한데 섞은 다음 키시 윗면에 붓는다.
8 170도로 예열한 오븐에 넣어 40~50분간 구워 준다. 이때 표면이 너무 타지 않도록 처음 30분은 포일을 덮어 굽고, 남은 15분은 포일을 제거하고 굽는다.
9 이쑤시개로 찔렀을 때 묻어나오는 것이 없으면 잘 구워진 것이다. 구워 낸 키시는 실온에서 식힌 다음 맛있게 먹는다.

Fruit Balls Salad

과일 볼 샐러드

야외에 나갔을 때 과일이 빠지면 서운하다. 점심 메뉴가 무엇이 되더라도 후식으로는 반드시 물 많고 시원한 과일 한 쪽 먹어 줘야 하는 법. 동그랗게 모양을 내는 화채용 스푼으로 한 입에 먹기 좋은 볼 샐러드를 준비해 보자. 색이 고운 봄철 과일에 연한 허브 잎을 뜯어 넣고, 하귤 드레싱을 올려 주면 간단하게 완성! 아이들도 좋아하는 쫀득한 모차렐라 치즈 볼이 더해지면 다양한 식감을 함께 즐기는 재미가 있다.

2~3인분

Ingredient

모차렐라 작은 볼 10알(시판 1팩의 절반 정도)
블루베리 80g
딸기 10알
배 1/2개
허브 어린잎 8g(타임, 바질, 민트, 세이지 중 사용)
하귤 드레싱: 하귤 청 2tbsp, 소금 1tsp, 후추 약간

Method

1 준비한 과일은 흐르는 물에 깨끗이 씻어 물기를 빼 놓는다.
2 모차렐라는 체에 밭쳐 물기를 뺀다.
3 딸기는 4등분으로 자르고, 배는 화채용 칼로 동그랗게 모양을 만든다.
4 용기에 손질한 과일들과 허브를 먹기 좋게 섞어 담는다.
5 하귤 드레싱은 분량의 재료를 한데 넣고 잘 섞는다.
6 드레싱은 따로 챙겼다가 먹기 직전 뿌려서 먹는다.

Summer

6월

/

산딸기, 오디

유월, 산딸기 나무

6월 순창 농원에는 산딸기 나무 가지마다 빨간 열매들이 소복하게 달린다. 산딸기 열매가 터지지 않게 조심스럽게 잡고 가지에서 따 내면 샛노란 꼭지가 동그란 모양으로 떨어진다. 반짝이는 열매를 자꾸 입에 집어넣는다. 새콤달콤한 맛도 맛이지만, 산딸기에서만 맡을 수 있는 장밋빛 향기가 입안을 가득 채운다.

어린 시절 엄마는 아무리 졸라도 과일 가게에서 산딸기를 사 주는 법이 없었다. 엄마 외출을 따라 나서면 길가 리어카에서 한 줌씩 고깔에 담아 파는 산딸기를 만날 수 있었다. 반짝반짝 보석 같은 영롱한 빛깔에 홀려 쳐다보다 무심코 한 알이라도 건드리면 어쩔 수 없이 사야 했는데, 그렇게 산 산딸기는 엄마에게 등짝을 맞은 값어치를 충분히 했다. 한 알 한 알 입에 넣으며 그 향기를 들이마시면 어린 날 가장 사치스러운 과일을 맛볼 수 있었다.

Raspberry Mint Syrup

산딸기 민트 시럽

여름철 카페에는 무조건 민트가 필요했다. 같은 맛이어도 음료에 민트가 들어가면 5도는 더 시원한 느낌이 들기 때문이다. 대표적인 민트의 종류로는 매운맛이 강하고 시원한 페퍼민트, 깔끔하지만 시원한 맛이 강한 스피어민트, 달콤하지만 시원한 느낌은 약한 애플민트 등이 있다. 종류별로 어울리는 과일도 다르다. 산딸기의 경우, 섬세한 달콤한 맛과 어우러지기 위해서는 매운맛이 강하지 않은 스피어민트나 애플민트를 선호하는 편이다.
민트의 종류도 모르면서 농원 텃밭에서 직접 키워 주시겠다던 아버지가 종묘상에서 구한 씨앗은 박하. 민트 종류로는 싸한 맛이 제일 강한 페퍼민트였다. 그 뒤로 매년 여름이 오면 농원 텃밭 한 자락은 아무도 손대지 않는 박하의 물결이 넘실대고, 서늘한 멘솔 향이 흐른다.

1L 분량

ingredient

산딸기 500g
애플민트 50g
설탕 500g

method

1. 산딸기와 애플민트는 흐르는 물에 깨끗이 씻어 물기를 말려 준다.
2. 산딸기를 분량의 설탕과 잘 섞고 3~4시간 동안 절인다.
3. 2의 절인 산딸기를 믹서로 곱게 간 다음 냄비에 담는다.
4. 센 불에서 거품이 올라올 때까지 팔팔 끓이다 불을 줄이고 거품을 걷어 준다.
5. 1의 애플민트를 넣고 다시 한 번 끓어오르면 바로 불을 끈다.
6. 식힌 다음 냉장고에 넣어 24시간 숙성시킨다.
7. 숙성이 끝나면 체에 거르고 소독해 둔 밀폐 용기에 담는다.

Raspberry Mint-ade

산딸기 민트 에이드

소나기라도 한 차례 지나가면 좋을 텐데. 뜨거운 햇빛, 무더운 날씨에 몸과 마음이 쉬이 지치고 에어컨도 선풍기 같은 여름날은 밍밍한 물만으로는 멈추기 힘든 갈증이 있다. 이때 귓가에 들리는 톡톡 터지는 소리, 얼음에 부딪히는 탄산수의 기포음이 우리 가슴을 설레게 한다. 여기에 산딸기와 스피어민트를 넣으면 달콤하고 시원하게 갈증을 씻어 내린다.

300ml 분량

ingredient

차가운 탄산수 200ml
산딸기 민트 시럽 4tbsp(60g)
스피어민트잎 3~4장
얼음 약 10개

method

1 유리컵에 분량의 산딸기 민트 시럽을 담는다.
2 이어서 스피어민트잎을 손으로 찢어 담는다.
3 유리컵에 먼저 탄산수를 1/4 정도만 부어 섞은 다음, 얼음을 넣는다.
4 남은 탄산수를 모두 붓고 저어 준다.

산딸기 민트 밀크셰이크 만드는 방법(300ml 분량)

ICE 우유 100ml+산딸기 민트 시럽 3⅓tbsp+생크림 or 휘핑크림 1tbsp+얼음 10개+장식용 민트잎 3장

◦ 밀크셰이크 질감을 위해 생크림은 뿔이 올라올 때까지 믹서기로 갈아준다.

Raspberry Mint Sorbet

산딸기 민트 셔벗

셔벗, 소르베 그리고 샤베트까지. 모두 우유가 섞이지 않고, 과즙이 잔뜩 들어가 과실 본연의 색을 가장 진하게 내는 아이스크림을 부르는 이름이다. 산딸기 민트 셔벗은 설탕에 재운 산딸기를 믹서기에 갈아 주는 순간 눈에 띌 정도로 확연한 색감의 변화에 매번 놀라게 된다. 핑크빛 딸기와는 색감의 농도나 채도가 다른, 진한 흑장미색을 만날 시간. 여기에 알싸하고 시원한 민트 향은 빛깔의 맛이 더 깊어지게 도와준다.

300g 분량

ingredient

산딸기 민트 시럽 250g
탄산수 90ml
산딸기 리큐어 혹은 복분자주 50ml
레몬즙 1tbsp
민트잎 혹은 산딸기 약간

method

1 분량의 산딸기 민트 시럽, 탄산수, 산딸기 리큐어를 함께 섞는다.
2 아주 가는 체에 밭쳐 걸러 준다.
3 체에 남은 건더기를 꾹꾹 눌러 즙을 완전히 짜낸다.
4 걸러 낸 액체에 레몬즙을 넣어 섞고 밀폐 용기에 담는다.
5 냉동실에서 3~4시간 얼린다.
6 5를 꺼내서 포크로 긁어주고 다시 얼린다. 이 과정을 3회 정도 반복한다.
7 셔벗 제형이 완성되면 먹을 분량을 볼에 담고 민트잎이나 산딸기로 장식한다.

◦ 여름철에는 산딸기 민트 셔벗을 샴페인에 띄워 마셔도 좋다.
◦ 과실주 대신 붉은 와인을 넣으면 색다른 풍미를 즐길 수 있다.

Raspberry Mint Chocolate Tart

산딸기 민트 초콜릿 타르트

산딸기가 잔뜩 올라간 초콜릿 타르트는 어린 시절부터 꿈꿔 온 로망이다. 다만 입안 가득 산딸기와 초콜릿을 먹는다는 것은 젤리 속에서 헤엄치는 것만큼이나 비현실적인 상상에 불과했다. 그런데 미국 영화를 보면 종종 우리는 상상만 하던 로망이 가득 담긴 파이(Guilty Pleasure)를 실제로 구워 내고 있었다. 세숫대야만 한 크기의 파이에 가득한 딸기 잼과 넘치는 초콜릿, 그 위를 타고 흐를 것 같은 마시멜로에 오레오 쿠키 조각까지. 올여름, 한 번쯤은 오랫동안 꿈꿔 왔던 초콜릿 타르트를 구워 보자. 넉넉한 초콜릿 위에 가득 쌓아 올린 산딸기의 맛을 즐길 수 있도록.

1판 분량(지름 약 23cm)

ingredient

초콜릿 타르트 틀: 무가당 코코아 파우더 2tbsp, 박력분 220g, 슈거파우더 85g, 소금 1/4tsp, 무염버터 130g, 달걀 1개
가나슈 필링: 생크림 1/2컵, 잘게 자른 다크 초콜릿 3/4컵, 잘게 자른 무염버터 1tbsp, 소금 1꼬집
산딸기 4컵
산딸기 민트 시럽 1/2컵

method

초콜릿 타르트 틀

1 무염버터는 1cm×1cm로 잘라 준다.
2 믹서에 1의 무염버터와 박력분, 슈거파우더, 무가당 코코아 파우더, 소금을 넣고 곱게 갈아 준다.
3 2를 볼에 담고 달걀을 넣어 반죽한 다음 냉장고에서 3시간 이상 휴지한다.
4 휴지한 반죽에 덧가루를 바르고 0.3cm정도의 두께로 밀어 준 다음 타르트 판에 올려 모양을 맞춘다.
5 포크로 반죽에 구멍을 내고 반죽 위에 누름판을 올린 다음, 165도로 예열한 오븐에서 15분 동안 굽는다.
6 누름판을 꺼내고 전체적으로 갈색이 나오도록 5분 정도 더 구워 준다.
7 실온에서 식힌다.

가나슈 필링

8 소스 팬에 다크 초콜릿을 넣고 중간 불에서 끓인다.
9 8에 생크림을 붓고 분량의 버터를 넣은 다음 5분간 그대로 둔다.
10 9에 소금을 넣고 표면이 매끄러워질 때까지 저어 준다.

산딸기 초콜릿 타르트

11 초콜릿 타르트에 가나슈 필링을 채우고 냉장고에서 1시간 이상 굳힌다.
12 11의 표면에 산딸기 민트 시럽을 넉넉히 바른다.
13 이어서 산딸기를 올리고 그 위에 시럽을 적당히 뿌려 준다.

- 먹는 사람의 취향에 따라 시럽 양을 조절한다.
- 가나슈 필링은 온도에 민감하므로 먹고 남은 타르트는 반드시 냉장 보관한다.

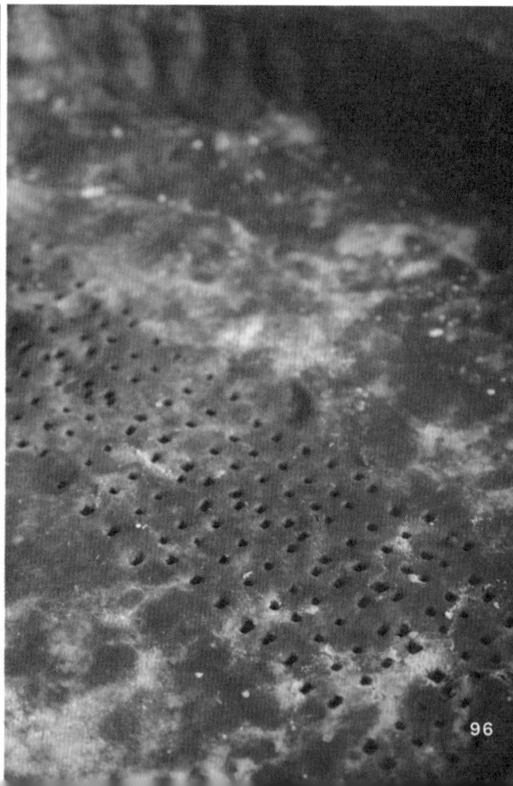

Mulberry Compote
오디 콤포트

블루베리, 산딸기, 복분자, 아로니아 등 각종 베리를 한국에서도 쉽게 구할 수 있는 시절이 되었다. 그럼에도 이 철에 나는 모든 베리 중에 신맛이 가장 없는 열매는 오디가 아닐까. 새콤달콤함이라곤 없는 진한 남색 열매. 이런 오디에 생생한 식감과 달콤한 맛을 주는 방법은 콤포트뿐이다. 설탕의 맛이 오디가 가진 본래의 단맛을 감추지 않도록 잼에 넣는 양의 반만 넣고, 오디의 형태와 식감을 그대로 살려 콤포트로 만들었다. 와플이나 팬케이크, 요거트나 아이스크림에 곁들이면 제철 오디의 맛을 충분히 즐길 수 있다.

300g 분량

ingredient

오디 300g
설탕 150g
레몬즙 1tbsp

method

1 오디를 흐르는 물에 깨끗이 씻어 물기를 말려 준다.
2 냄비에 오디를 넣고 분량의 설탕을 부어 한차례 뒤적인 다음 1시간 정도 절여 둔다.
3 설탕이 다 녹아 흥건하게 국물이 되면 센 불에서 끓인다.
4 한소끔 끓어오르면 거품을 건져 내고 레몬즙을 넣어 약한 불에서 졸인다.
5 국물에 점성이 생기면 불을 끄고 소독해 둔 유리병에 담는다.
6 유리병 뚜껑을 닫고 위아래로 뒤집어 병 속 공기를 빼준다.

◦ 설탕에 절인 오디를 그대로 졸이면 콤포트가, 믹서에 갈아서 졸이면 잼이 된다.
◦ 잼을 끓일 땐 약하게 느껴지던 점성이 한 번 식히고 나면 강해진다. 점성이 적당한지 확인하고 싶다면 끓일 때 한 스푼 덜어 내 찬물에 떨어트려 보자. 찬물에서 덩어리로 뭉치면 불을 꺼도 된다.
◦ 오디 대신 산딸기(300g)를 넣어 산딸기 콤포트를 만들어도 좋다.

Mulberry Cheese Tart

오디 치즈 타르트

애플 파이나 서양배 타르트처럼 과일, 과일 잼과 베이커리에는 유독 잘 맞는 궁합이 있다. 그런 면에서 크림치즈 타르트는 궁합이 상관없는 독특한 케이스라고 할 수 있다. 예를 들자면 어떤 색이든 칠할 수 있는 흰 캔버스처럼, 치즈 타르트에 어떤 과일 잼이나 과일을 올려도 잘 어울리고 맛있다. 물론 그중에서 여름철의 베스트로는 오디를 추천한다.
크림치즈 타르트에 오디 콤포트를 듬뿍 올려 주면 오디의 달콤함이 크림치즈와 함께 입안을 부드럽게 감싸고 돈다. 단것을 잘 못 먹는 사람들도 좋아하는 편안한 단맛이라 더욱 사랑받는다. 여름철 디저트로 한 판 구워 얼려 두면 친구에게 선물하기도 좋고, 주말 디저트로 먹어도 좋다.

1판 분량(지름 약 23cm)

ingredient

타르트 틀: 무염버터 130g, 박력분 220g, 슈거파우더 85g, 소금 1/4tsp, 달걀 1개
크림치즈 필링: 크림치즈 200g, 판 젤라틴 3장, 슈거파우더 50g, 생크림 150ml, 플레인 요거트(무가당) 50g, 레몬즙 1tbsp
오디 콤포트 3tbsp
오디 콤포트(장식용) 약간

method

타르트 틀

1. 무염버터는 1cm×1cm로 잘라 준다.
2. 믹서에 1의 무염버터와 박력분, 슈거파우더, 소금을 넣고 곱게 갈아 준다.
3. 2를 볼에 담고 달걀을 넣어 반죽한 다음 냉장고에서 3시간 이상 휴지한다.
4. 휴지된 반죽에 덧가루를 바르고 0.3cm정도의 두께로 밀어 준 다음 타르트 판에 올려 모양을 맞춘다.
5. 포크로 반죽에 구멍을 내고 반죽 위에 누름판을 올린 다음, 165도로 예열한 오븐에서 15분 동안 굽는다.
6. 누름판을 꺼내고 전체적으로 갈색이 나오도록 5분 정도 더 구워 준다.
7. 실온에서 식힌다.

크림치즈 필링

8 크림치즈는 상온에서 녹여 주고, 판 젤라틴은 찬물에 불려 둔다.
9 생크림은 뿔이 올라올 때까지 휘핑한다.
10 볼에 8의 크림치즈를 넣고 잘 저은 다음, 슈거파우더를 넣고 저어 준다.
11 10에 플레인 요거트와 레몬즙을 넣고 저어 준다.
12 이어서 9의 생크림을 절반만 넣고 섞는다.
13 8의 판 젤라틴은 전자레인지에서 30초 정도 돌려 액체 상태로 만든다.
14 12에 13의 젤라틴을 넣고 굳어지기 전에 빠르게 섞는다.
15 남은 생크림을 넣고 섞어 준다.

오디 크림치즈 타르트

16 타르트에 오디 콤포트를 군데군데 올린 뒤 크림치즈 필링을 채우고 냉장고에서 2시간 이상 굳힌다.
17 16의 표면에 오디 콤포트를 올려 장식한다.

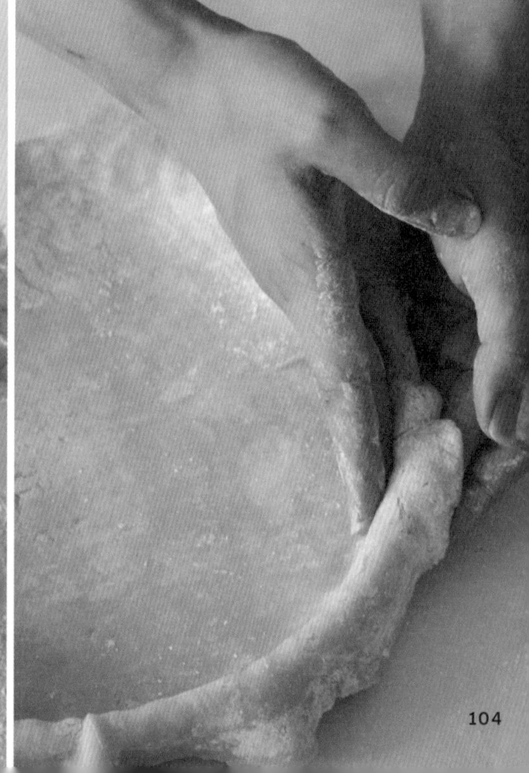

7월

/

매실, 살구, 자두

매실, 살구, 자두 그리고 농원의 여름

한 해의 첫 열매를 거두는 것은 여름부터다. 농원에서 가장 먼저 꽃을 피우는 매화는 수확도 가장 빠른 편이라 6월 중순부터 수확기다. 하얀 꽃의 청매와 붉은 꽃의 홍매를 합치면 40그루가 넘어가다 보니 가족 수대로 매실 수확에 매달려도 매년 절반 정도만 따서 청매실로, 나머지는 따지 못한 채 나뭇가지에 남아 황매실이 되는 운명을 맞이하고 만다.

매실이 갈무리될 무렵이면 자두 철이 온다. 이때 시장에 가면 이미 살구는 한두 주 먼저 나와 있다. 살구 생과는 여름이 아니면 보기 힘들다. 단맛도 신맛도 밋밋해 그냥 먹기 쉽지 않기 때문이다. 그에 반해 자두는 맛이 진하고 향도 강하다.
농원의 자두 나무 세 그루면 인시즌의 일 년치 자두 시럽과 잼을 만들고도 남는다. 자두까지 적과를 할 엄두가 나질 않다 보니 꽃핀 자리마다 열매가 알알이 달린다. 6월 말이 되면 급격히 열매들이 무거워지며 자두나무의 양팔이 땅에 끌리듯 가지들이 축축 늘어진다. 매일 아침마다 망태를 들고 자두나무 밑으로 달려가기 바쁘다. 이 자두 수확이 끝날 무렵이 되면 농원의 여름걷이도 얼추 마무리된다.

Green Plum Syrup

매실 청

본격적인 여름이 다가온다. 빗소리가 애타게 그리운 요즘, 농원에서는 마지막 매실 수확이 한창이다. 코끝 찡하게 새콤한 초여름의 맛을 기억하며 땀 흘려 나무에서 내린 매실은 간단하게 청으로, 또 매실주로 담글 예정이다.
매실 청은 담그는 목적과 열매의 후숙 정도(청매실, 황매실)에 따라 구분된다. 청매실 청은 매실이 가진 건강 효과를 목적으로 일부러 덜 익은 매실을 따다 담는다. 이에 비해 황매실은 온전히 익은 상태로 과일로써 맛과 향이 탁월해 음료나 담금주로 담기에 적합하다.

1L 분량

ingredient

청매실(혹은 황매실) 1.5kg
백설탕 혹은 유기농 원당 1.3kg(매실 씨를 제외한 무게와 같은 양)

method

1 매실을 식초물(식초:물의 비율 1:10)에 2~3분 담갔다가 흐르는 물에 씻어 여러 번 헹군 다음 이쑤시개를 이용해 꼭지를 딴다.
2 매실의 물기를 제거한다. 이때 분무기에 소주를 넣어 뿌려 주면 빠르게 완전히 건조시킬 수 있고 곰팡이도 방지할 수 있다.
3 소독한 유리병에 2의 매실과 분량의 설탕을 넣어 섞는다.
4 뚜껑을 닫고 3~4일간 설탕이 다 녹을 때까지 실온에 둔다.
5 설탕이 다 녹으면 유리병 속 매실을 위아래로 뒤섞어 주고 공기에 노출되는 부분에는 설탕을 추가로 올려 덮어 준다.
6 뚜껑을 닫고 직사광선을 피해 서늘한 곳에서 100일 정도 숙성시킨다.
7 숙성이 끝나면 매실을 건져 내고, 청은 소독해 둔 밀폐 용기에 담는다.

- 매실 청은 과일 특성상 물기가 들어가지만 않으면 상온에서 보관이 가능하다. 다만 외부적인 요인으로 변질될 수 있으므로 직사광선을 피하고 바람이 잘 통하는 곳에 보관하는 것이 좋다.
- 100일 후에 건져 낸 매실은 버리지 말고 씨를 도려낸 다음 썰어서 고추장이나 양념에 무쳐 장아찌처럼 먹을 수 있다.

GREEN
PLUM

Green Plum Ice Green Tea

매실 아이스 그린티

매실 청은 집집마다 매년 담그다 보니 그 가치가 평가절하되는 경우가 많다. 그러나 제대로 발효된 매실 청의 맛과 향은 여름철 음료로 완벽하다. 찬물에만 타 마시던 매실 청이 질린다면 녹차와 함께 마셔도 좋다. 매실의 맛은 부드러워지며, 녹차의 쌉쌀한 뒷맛으로 초여름 더위를 산뜻하게 보낼 수 있다.

300ml 분량

ingredient

뜨거운 물 100ml
녹차 티백 1개
얼음 20개(티포트에 넣을 급냉용 얼음 10개, 컵에 넣을 얼음 10개)
매실 청 3⅓tbsp(50g)

method

1 뜨거운 물에 녹차 티백을 넣고 뚜껑을 덮어 5분간 우려낸다.
2 티포트에 얼음을 채우고 1에서 우려낸 녹차를 체에 걸러 내리며 차갑게 식힌다.
3 컵에 분량의 매실 청과 얼음을 넣고 식힌 녹차를 붓는다.
4 가라앉은 매실 청이 잘 섞이도록 저어준다.

Green Plum Wine

매실주

혹시 30년 이상 숙성된 매실주를 본 적 있을까? 부모님 농원에는 아직 큰 포도주 병으로 한 병 남아 있다. 두 딸이 유치원에 다닐 무렵, 엄마는 큰 유리병 두 개에 매실주를 가득 담고 딸들의 이름과 담근 날짜를 써 두었는데 투명한 병에는 큰딸 이름이, 초록빛 병에는 둘째 딸 이름을 쓰셨다. 안타깝게도 어느 해 아버지의 친구분이 오셨던 날, 동생의 매실주를 꺼내 대접하고 말았지만 아직도 한 병의 매실주는 아버지의 보물 창고 담금주 찬장에 그대로 남아 있다. 큰딸이 시집가는 날, 그 병을 열어 축하하려고 그렇게 삼십 년을 넘게 기다리셨는데… 아직도 열지를 못했다. 그럼에도 언젠가 내게도 아이들이 생기면, 그 아이들이 결혼할 때 선물로 남겨 줄 매실주 한 병 담가 주고 싶다.

3L 분량

ingredient

황매실 1kg
설탕 100~200g
담금주 3L

method

1 황매실을 식초물(식초와 물의 비율 1:10)에 2~3분 담갔다가 흐르는 물에 씻어 여러 번 헹군 다음 이쑤시개를 이용해 꼭지를 딴다.
2 매실의 물기를 제거한다. 이때 분무기에 소주를 넣어 뿌려 주면 빠르게 완전히 건조시킬 수 있고 곰팡이도 방지할 수 있다.
3 소독해 둔 유리병에 2의 매실과 분량의 설탕을 넣는다.
4 이어서 담금주를 붓고 뚜껑을 닫아 100일 정도 기다린다.
5 매실을 건져 내고 술은 다시 소독해 둔 밀폐 용기에 담아 햇빛이 들지 않는 서늘한 곳에 두고 숙성시킨다.

◦ 매실주는 짧게는 1년, 길게는 10년이 넘게 숙성시켜 마시기도 한다.

Apricot Jam

살구 잼

6월 중순이 지나면 남쪽부터 슬슬 살구가 올라온다. 워낙 짧게 나타났다 사라지는 만큼 그 시기를 놓치면 살구를 맛보기가 어려워진다. 그래서 가끔 살구라는 과일이 무슨 맛이었는지 생각이 날 듯 말 듯한 기분이다.
대체로 과육을 깨물었을 때 맛보다 향기에 더 넋을 놓게 되는 살구는 잼을 만들면 그 맛이 완전히 달라진다. 적당한 단맛과 살구가 가진 독특한 신맛이 어우러져 과일 잼이 가질 수 있는 최적의 밸런스를 맛볼 수 있다.

300~400g 분량

ingredient

살구 300g
설탕 150g
레몬즙 1tbsp

method

1 살구는 흐르는 물에 깨끗이 씻어 꼭지를 딴 다음 물기를 제거한다.
2 살구는 반으로 갈라 씨를 발라내고 껍질을 벗긴다.
3 볼에 2의 살구와 분량의 설탕을 넣고 한차례 뒤적인 다음 1시간 정도 절여 둔다.
4 설탕이 다 녹아 흥건하게 국물이 되면 믹서에 곱게 갈아 준다.
5 냄비에 4를 담고 센 불에서 끓인다.
6 한소끔 끓어오르면 거품을 건져 내고 레몬즙을 넣어 약한 불에서 졸인다.
7 원하는 농도에서 불을 끈 다음 소독해 둔 유리병에 담는다.
8 유리병 뚜껑을 닫고 위아래로 뒤집어 병 속 공기를 빼준다.

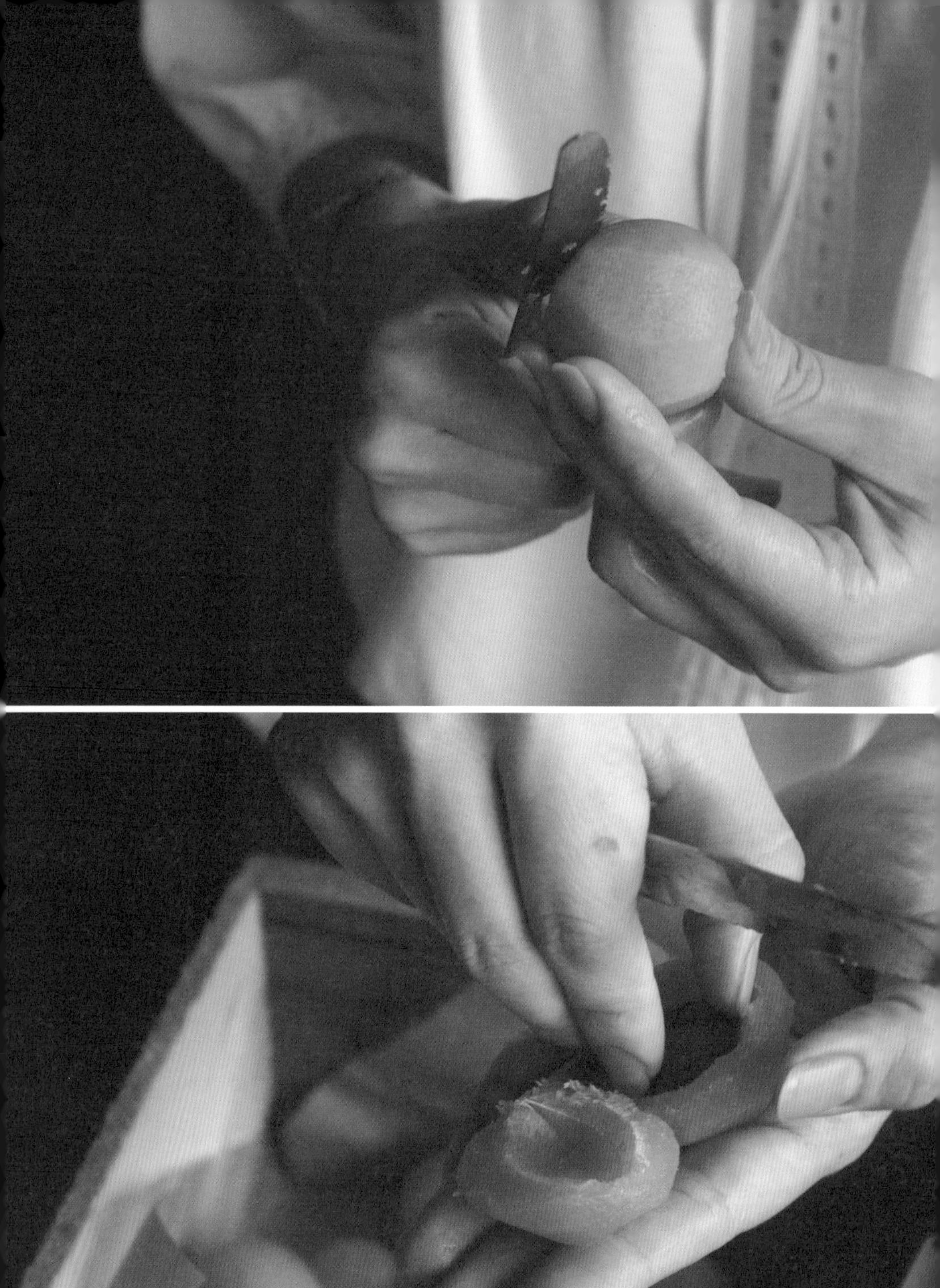

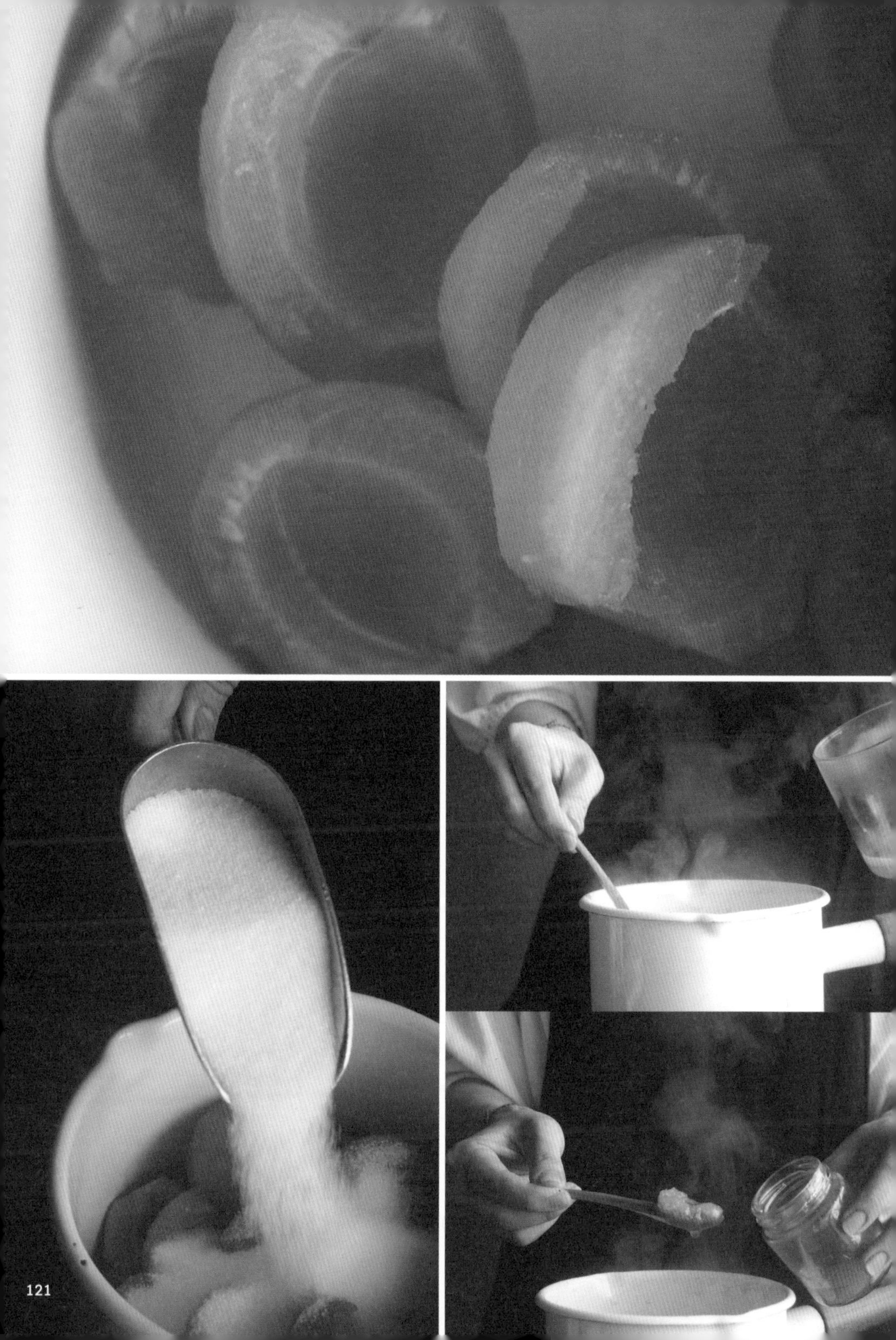

Apricot Almond Bread

살구 아몬드 브레드

제철 살구가 가득 올라간 아몬드 브레드는 우리나라 베이커리 기준에서는 무어라 이름 붙이기 어려운 빵이다. 파운드케이크처럼 식감이 단단하지는 않고, 그렇다고 생크림 케이크의 제누아즈처럼 부드러운 것은 아니다. 밀가루보다 아몬드 가루가 더 많이 들어가서 빵 자체에 고소한 맛이 나면서 제철 살구즙이 빵 위에 빼곡히 물들어 새콤달콤하다. 넓적한 판 위에 크게 구워, 먹고 싶은 만큼씩 잘라 먹으면 끝. 일 년에 딱 한 달, 7월에만 즐길 수 있는 빵이다.

1개 분량

ingredient

아몬드 믹스: 달걀 4~5개, 아몬드 가루 180g, 슈거파우더 120g, 박력분 110g, 베이킹파우더 2.5g, 녹인 버터 75g, 레몬 제스트 1½ tbsp
살구 500g
설탕 100g

method

1 볼에 아몬드 믹스 재료를 모두 담고 잘 섞어 준다.
2 살구를 흐르는 물에 깨끗이 씻어 꼭지를 딴 다음 물기를 제거한다.
3 살구를 반으로 갈라 씨를 발라내고 껍질을 벗긴다.
4 볼에 3의 살구와 분량의 설탕을 넣고 한차례 뒤적여 섞어 준다.
5 베이킹 팬에 오일을 바른 뒤 아몬드 믹스를 채운다.
6 아몬드 믹스 위에 4의 살구를 올린다.
7 180도로 예열한 오븐에서 35~40분 정도 구워 준다. 이쑤시개로 찔렀을 때 묻어나오는 것이 없으면 잘 구워진 것이다.

Plum Syrup

자두 시럽

농원 입구에는 거의 열 살쯤 되어가는 자두나무 세 그루가 가지를 빽빽하게 얽어가며 서 있다. 동네에서도 이런 자두나무를 본 적이 없다고 할 정도로 가지가 크고, 울창하고, 높게 뻗어 있다. 그래서 가지 꼭대기의 자두를 따려면 사다리로도 안 되 잠자리채를 사용해야 한다. 그 기술은 소싯적 서리 좀 해 보셨다는 아버지만 가능한 기술이다. 그렇게 수고로이 따 내린 재래종 자두는 열매가 참 작다. 작고 단단하고 맛과 향이 촌스러울 정도로 진하다. 열매가 그리 잘아도 맛은 아버지가 어릴 적 먹던 자두의 맛 그대로다. 어디 가서 사 먹을 수도 없는 기억의 맛과 함께 살아가는 것, 나름 참 괜찮은 일인 것 같다.

1L 분량

ingredient

자두 600g
설탕 500g

method

1 자두는 흐르는 물에 깨끗이 씻어 물기를 제거한다.
2 자두 가운데 칼집을 넣어 씨를 발라낸다.
3 볼에 2의 자두와 분량의 설탕을 넣고 섞은 다음 3~4시간 정도 절인다.
4 냄비에 3의 자두를 넣고 센 불에서 한소끔 끓인다.
5 불을 끄고 깨끗이 소독한 밀폐 용기에 담는다.
6 실온에서 하루 정도 숙성시킨 뒤 냉장 보관한다.

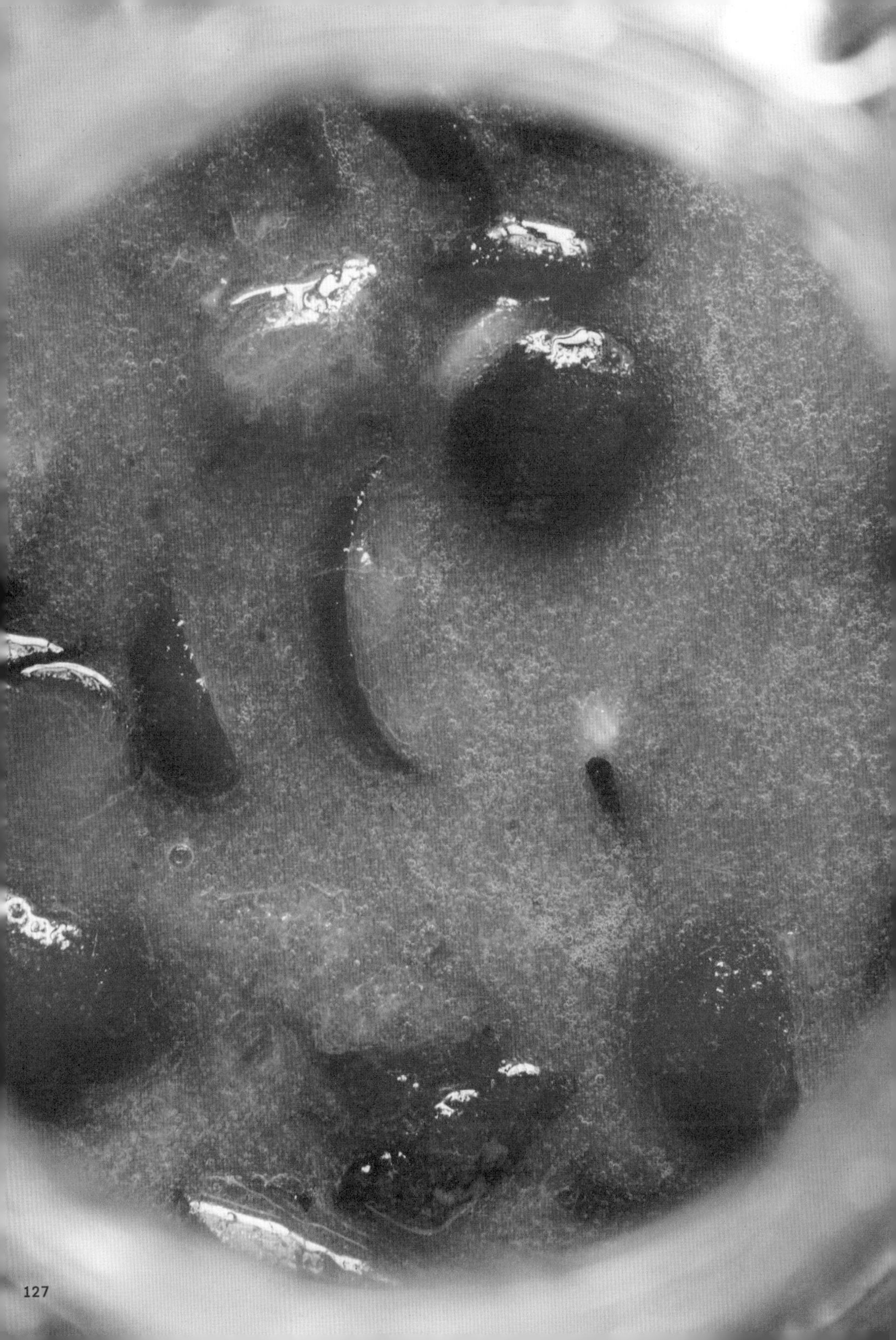

생자두 에이드 만드는 방법(300ml 분량)

ICE 차가운 탄산수 200ml+자두 시럽 4tbsp+민트잎 3~4장+
얼음 10개+장식용 자두 슬라이스 1개

Plum Jam

자두 잼

매실, 살구, 자두 모두 잼이 잘 만들어지는 과실이지만 막상 잼으로 만들어 보면 과정은 어느 하나 같은 것이 없다. 그중에서도 제일 손이 많이 가는 것이 자두 잼이다. 초반에는 밑으로 가라앉는 과육 덩어리들이 바닥에 붙어 타지 않도록 저어 줘야 하고, 끓어오르기 시작하면 끝도 없이 올라오는 거품을 걷어 내야 한다. 어느새 잼이 진득해지기 시작하면 재빨리 병을 준비하면서도 잼이 타지 않도록 계속 돌아봐야 한다. 이렇게 애를 써서 만들기 때문일까. 먹기 시작하면 가장 빨리 없어지는 잼이다.

300~400g 분량

ingredient

자두 300g
설탕 150g
레몬즙 1tbsp

method

1 자두는 흐르는 물에 깨끗이 씻어 물기를 제거한다.
2 자두 가운데 칼집을 넣어 씨를 발라낸다.
3 볼에 2의 자두와 분량의 설탕을 넣고 섞은 다음 2시간 정도 절인다.
4 설탕이 다 녹아 흥건하게 국물이 되면 믹서에 곱게 갈아 준다.
5 냄비에 4를 담고 센 불에서 끓인다.
6 한소끔 끓어오르면 거품을 건져 내고 레몬즙을 넣어 약한 불에서 졸인다.
7 원하는 농도에서 불을 끈 다음 소독해 둔 유리병에 담는다.
8 유리병 뚜껑을 닫고 위아래로 뒤집어 병 속 공기를 빼준다.

◦ 자두 잼은 요거트나 바닐라 아이스크림에 곁들여 먹으면 더 맛있다.

8월
/
바질, 토마토

Summer Cafe Meal Table

인시즌 카페는 여름에 오픈했다. 처음 시작하는 카페에서 인시즌의 모든 것을 보여 주고 싶은 마음에 카페 음료부터 제철 재료를 듬뿍 넣은 농원식 카페 밀(식사)까지 해 보겠다는 야심 찬 포부를 가졌다. 2년간 고생한 덕에 지금은 간단하게 카페 밀을 차리는 방법을 터득했다. 메인이 되는 한 그릇 식사에 간단한 샐러드 그리고 필요하면 음료나 국물까지. 육수를 내고 모든 요리를 직접 만들자면 손이 많이 가지만 의외로 한식 집밥보다 쉬울 때가 있다. 특히 마법 소스, 믿을 만한 페스토 두어 가지면 15분 안에 차려 낼 수 있다.

토마토와 바질은 페스토에 빠질 수 없는 재료다. 페스토는 김장 담그듯 일 년치 분량을 만들어 두어야 하는데 특히 생바질 페스토를 일 년 내내 먹으려면, 바질이 가장 많이 나오는 여름에 한꺼번에 만들어 놓고 얼린 뒤 조금씩 꺼내 먹는 것이 좋다. 토마토 역시 값이 저렴한 여름철에 마음먹고 말려야 두고두고 먹을 분량을 챙겨 둘 수 있다. 물론 한 번 만들어 두기만 하면 카나페, 샌드위치부터 각종 파스타까지 쉽게 할 수 있으니 이만한 김장이 없다.

Basil Pesto

바질 페스토

처음 바질 페스토를 만들던 날은 요리의 신비를 발견한 기분이었다. 풀에서 소시지 향이 나다니, 도통 믿을 수가 있어야지. 그때만 해도 파르메산 치즈 덩어리와 잣 그리고 생바질잎을 섞어서 페이스트를 만든다고 들었을 때 전혀 상상이 안 갔다. 물론 맛보는 순간, 그 생각들은 곧바로 완벽히 뒤집어졌지만. 풀이 양념이 될 수 있다는 새로운 발견이었다. 그날부터 우리는 바질 가득한 허브 텃밭을 꿈꾸기 시작했고, 모든 요리에 허브를 쓰기 시작했다.

150g 분량

ingredient

생바질잎 50g
잣 50g
파르메산치즈 60g
마늘 1쪽
소금 1/2tsp
후추 1/2tsp
올리브유 100ml과 산화 방지용 약간

method

1. 생바질잎을 흐르는 물에 깨끗이 씻어 물기를 제거한다.
2. 믹서에 분량의 재료를 모두 넣고 갈아 준다.
3. 깨끗이 소독한 밀폐 용기에 2를 담고 산화 방지용 올리브유로 윗면을 덮어 준다.

◦ 바질 페스토는 2~3주가량 냉장 보관할 수 있으며, 이후는 냉동 보관하며 필요할 때마다 해동해서 먹어야 한다. 한 번 해동한 페스토는 다시 냉동하지 말고 2~3주가량 냉장 보관하면서 먹는다.

Summer Basil Pasta

여름 바질 파스타

카페를 시작하면서 소소하게 신경 쓴 부분 중 하나는 직원 식사였다. 아무래도 식재료가 늘 주방에 있으니 뭐라도 쉽게 해 먹을 수 있지만, 그렇다고 손님들과 다른 메뉴를 눈에 띄게 해 먹는 것도 이상하니까. 그래서 우리의 점심, 저녁에 집밥처럼 곧잘 해 먹었던 메뉴가 바로 여름 바질 파스타다. 카페 메뉴에 있는 바질 파스타와 비슷해 보이지만 들어가는 재료는 매일 달랐다. 냉장고 문을 열고, 눈에 보이는 거의 모든 재료들로 해 먹었다. 당신의 냉장고에 잠자는 채소들을 다 깨워 보자. 바질 페스토는 어떤 재료와 만나도 충분히 만능 소스의 기능을 해낸다.

2인분

ingredient

여름 채소: 가지 1/2개, 새송이 버섯 1개, 방울토마토 8~10알, 주키니(돼지호박) 1/3개
양파 1/2개
쇼트파스타(푸실리, 펜네 등) 200g
바질 페스토 3tbsp
파르메산 치즈 간 것 약간
허브 믹스(건바질, 오레가노 등) 약간
안초비 혹은 멸치액젓 약간
소금, 후추 약간씩
올리브유 적당량

method

1 여름 채소는 흐르는 물에 깨끗이 씻어 물기를 제거한다.
2 양파는 채 썬 다음 올리브유를 넉넉히 두른 프라이팬에 갈색이 날 때까지 볶는다.
3 냄비에 넉넉히 물을 붓고 소금을 넣은 뒤 센 불에서 끓인다.
4 물이 끓어오르면 분량의 쇼트파스타를 넣고 봉지에 적힌 시간보다 1분 정도 짧게 삶는다.
5 삶은 파스타를 건진 뒤 올리브유를 살짝 둘러 서로 들러붙지 않게 해 둔다. 이때 면수(파스타를 삶은 물)를 150ml 정도 남겨 둔다.
6 여름 채소는 한 입에 먹기 좋은 크기로 잘라 준다. 이때 주키니는 다른 재료보다 익는 데 시간이 걸리므로 조금 더 얇게 썰어 주는 것이 좋다.
7 올리브유를 넉넉히 두른 프라이팬에 분량의 여름 채소를 모두 넣고 살짝 숨이 죽을 정도로 볶다 소금, 후추로 간단히 밑간을 한다.
8 채소들이 익으면 2의 볶은 양파와 분량의 바질 페스토를 넣는다.
9 5의 삶은 파스타를 넣고 남겨 둔 면수를 넣어 페스토를 잘 풀어 준다.
10 잘 섞은 다음 안초비나 멸치액젓으로 간을 한다.
11 완성된 파스타를 접시에 덜고 파르메산 치즈를 뿌린다.

Basil Rice with Tomato Egg Scramble

토마토 달걀 볶음을 곁들인 바질 라이스

일요일이면 아빠들이 요리사로 변신해 끓여 주시던 짜파게티는 이제 추억의 한 장면이 되어 버렸다. 물론 엄마보다 더 수준급의 요리 실력을 자랑하는 아빠들도 많아졌고, 솜씨는 부족하지만 주말마다 아이들에게 무슨 요리를 해 줄까 고민하는 아빠들도 있다. 그런 아빠들에게 짜파게티만큼이나 쉬운 레시피를 소개한다.

2인분

ingredient

주먹밥: 밥 2공기, 소금 1tsp, 참기름 약간
크래미 4쪽
바질 페스토 2tbsp
달걀 2개
방울토마토 5알
적양파 1/2개
다진 파슬리 약간
소금 약간
후추 약간

method

1 방울토마토는 깨끗이 씻어 반으로 자르고, 양파는 껍질을 벗겨 채 썬다.
2 볼에 주먹밥 재료를 모두 담고 잘 섞어 준다.
3 2에 크래미를 찢어 넣고 분량의 바질 페스토를 넣어 잘 섞는다.
4 먹기 좋은 크기로 주먹밥을 뭉쳐 접시에 담는다.
5 볼에 달걀을 풀고, 다진 파슬리와 소금을 넣는다.
6 기름을 두른 프라이팬에 1의 방울토마토와 양파를 넣고 센 불에서 살짝 볶는다.
7 6에 5의 달걀물을 붓고 약한 불에서 볶는다.
8 소금과 후추를 뿌린 뒤 주먹밥에 곁들인다.

Oven Dried Tomato

반건조 토마토 절임

사막처럼 건조한 기후로 갈수록 건조 토마토(Sun Dried Tomato)를 쉽게 만날 수 있다. 안타깝게도 우리나라에서는 자연 건조 토마토를 맛보기 어려운지라, 공을 들여 오븐에서 구워 내야 한다. 토마토를 말리려면 당도가 높기로 유명한 이탈리아 품종 캄파리 토마토를 쓰면 좋겠지만 집에서 먹기엔 방울 토마토도 괜찮다. 오븐에서 구울 때는 워낙 약한 불에서 오래 구워야 하니 전날 밤 오븐에 넣어 놓고 다음 날 일어나서 걷어 내는 게 좋다. 오래 굽는 만큼 수분이 날아가면서 당도와 향은 진해지고, 특유의 꾸덕꾸덕한 식감까지 더해진다. 단, 2kg를 말리면 400~500g밖에 안 나오는 것이 함정.

400g 분량

ingredient

방울토마토(혹은 캄파리 토마토) 1.5~2kg
올리브유 250ml
소금 약간
바질, 오레가노 등 허브 약간씩

method

1. 토마토는 흐르는 물에 깨끗이 씻어 반으로 자른다.
2. 오븐 팬에 유산지를 깔고 1의 토마토를 일렬로 놓는다. 취향에 따라 올리브유, 소금, 허브 등을 조금씩 흩뿌린다.
3. 80도로 예열한 오븐에서 방울토마토는 3~6시간, 캄파리 토마토는 6~8시간 정도 건조시킨다.
4. 깨끗이 소독한 밀폐 용기에 건조한 토마토를 담고 공기에 산화되지 않도록 분량의 올리브유를 부어 준다.

Oven Dried Tomato Pesto

반건조 토마토 페스토

나라가 다르고, 재료가 다르고, 조리법이 다르지만 사람들이 좋아하는 맛은 거의 같다는 생각이 들 때가 있다. 토마토의 달콤한 맛에 아몬드의 구수하고 고소한 맛과 치즈의 감칠맛을 더하면, 이탈리아 중부지방 스타일의 반건조 토마토 페스토가 된다. 살아 있는 토마토 소스의 새콤달콤함이 진한 청춘을 닮은 맛이라면, 반건조 토마토는 자체에서 한 번 마르면서 농축돼 더 달고 시큼한 맛이 담긴다. 반건조 토마토 페스토로 이탈리아 여름 태양의 맛을 맛볼 수 있다.

400~500g 분량

ingredient

반건조 토마토 160g
아몬드 50g
올리브유 200ml
파르메산 치즈 간 것 50g
생바질잎 약간
소금, 후추 약간씩
산화 방지용 올리브유 약간

method

1 기름을 두르지 않은 팬에 아몬드를 넣고 살짝 볶아 고소한 맛이 올라오게 한다.
2 믹서에 재료를 모두 넣고 갈아 준다.
3 깨끗이 소독한 밀폐 용기에 담고 공기에 산화되지 않도록 올리브유로 윗면을 덮어 준다.

- 반건조 토마토 대신 토마토 페이스트(160g)를 써도 좋다. 파스타 소스가 아닌 되직한 페이스트다.
- 2~3주가량 냉장 보관할 수 있으며, 이후는 냉동 보관하며 필요할 때마다 해동해서 먹어야 한다. 한 번 해동한 페스토는 다시 냉동하지 말고 2~3주가량 냉장 보관하면서 먹는다.

Tomato Taco Rice

토마토 타코 라이스

오키나와는 일본이지만, 미군이 주둔한 독특한 지역이다. 오키나와에서 점심을 먹으러 가자고 친구들이 데려간 곳은 오래된 목조 가옥의 타코 라이스 가게였다. 야키소바도, 고야 찬푸르(여주 볶음)도 있는 동네의 맛집. 그리고 넓적한 접시에 하얗게 깔린 양상추에 고슬고슬한 밥과 소고기 볶음과 넉넉한 토마토 살사, 온통 접시를 다 덮을 정도의 슈레드 치즈까지. 인생의 타코 라이스를 그곳에서 만났다. 그리고 그 강렬한 기억에 사로잡혀 인시즌 카페의 여름 한정 메뉴로 타코 라이스를 만들었다.

1인분

ingredient

토마토 소고기 소스: 다진 소고기 120g, 다진 양파 2Tbsp, 토마토 페이스트 2Tbsp, 버터 약간, 소금 약간, 후추 약간, 건허브(건오레가노, 건바질) 약간
양상추 1/4개
토마토 1/4개(혹은 방울토마토 5알)
체다 치즈 1장
밥 1공기

method

1 다진 소고기는 소금, 후추로 밑간한다.
2 달군 프라이팬에 버터를 녹이고 다진 양파, 1의 고기를 넣는다.
3 양파와 고기가 익으면 토마토 페이스트, 건허브를 넣어 잘 볶는다.
4 토마토 페이스트가 다 익으면 소금, 후추로 간하고 불을 끈다.
5 양상추는 한 잎씩 뜯어 채 썬 다음 얼음물에 담가 둔다.
6 토마토는 숟가락으로 떠먹기 좋게 잘게 썬다.
7 5의 양상추를 물기를 털어낸 다음 접시에 깔고 밥을 올린다.
8 7에 4의 소스를 넉넉히 올리고 체다 치즈, 토마토를 올린다.

Autumn

9월 / 배

황금의 계절

늦여름에서 가을로 넘어가는 무렵, 하나하나 정성껏 봉지에 싸 놓은 열매들의 알이 굵어질 즈음, 나뭇가지 그늘엔 '황금' 배 향기가 가득하다. 깨물지 않아도 배의 달콤하고 시원한 느낌이 늘어진 가지 사이로 눈부시게 뿜어져 나오는 계절. 지난 여름 아픈 팔을 부여잡고 하루에 몇 백 장씩 봉지를 싸야 했던 기억은 간데없고, 잔뜩 부풀어 오른 배 봉지들이 기특하기 짝이 없다. 과수원집 큰딸이 된 지 십 년이 되어가지만 아직도 신기하다. 그렇게 작은 꽃눈으로 달려 천지가 환하게 피어날 때가 엊그제 같은데, 호두알만 한 열매들이 조롱조롱 맺히더니 벌써 다 자라 묵직한 열매가 되었다. 이른 봄 꽃눈부터 만져 온 아버지의 계절이 고스란히 담긴 배들은 애쓴 시간만큼 달고 시원한 맛으로 가득 차 있다. 목마른 누구에게든 배 한두 개는 나누어 줄 수 있을 만큼 농원이 황금빛으로 물드는 계절에는 아무리 힘들어도 풍성한 기쁨이 가득하다.

대체로 과실나무들의 낙엽은 존재감이 없지만, 배는 좀 다르다. 열매보다 낙엽이 아름답다. 농원의 배를 다 거두고 나면 황금의 계절은 그때부터 다시 시작된다. 가지 끝에 푸르던 잎사귀가 하나둘 황금빛으로 물들기 시작하고 단풍보다 붉은 잎들이 먼저 시들어 버린 갈색 잎들 사이사이에 넘실댄다. 산꼭대기에서 강 쪽으로 힘센 바람 한 줄기가 지나가면 그 자락 끝에 가지에서 떨어지는 황금빛 낙엽이 후드득 공중에 날리고, 온통 황금빛 천지가 만들어지는 것은 순식간이다. 그렇게 온 바닥을 황금빛으로 덮어도 아직 나무들은 풍성한 낙엽을 지고 있다. 나머지는 이제 단 일주일이면 땅으로 쏟아질 예정이다. 떨어진 낙엽이 갈색으로 물들어가는 그림처럼 소멸에 대한 직접적인 묘사를 본 적이 있을까. 흡사 흑백에 가까운 앙상한 계절이 오기까지, 아는 사람만이 누릴 수 있는 사치스러운 가을의 끝자락이다.

농원을 통째로 뒤덮은 낙엽 사이로 아직 갈무리하지 않은 작은 배들이 굴러다닌다. 채 봉지도 찢지 않은 열매들은 대체로 너무 작거나, 새들에게 찍혀 떨어진 배들이다. 꼭 맛있고 클수록 새들이 제대로 쪼아 놓는다. 창고에 거둬들이는 열매가 아니라고 향기가 덜할 리 없고 달지 않을 리가 없다. 이대로 땅에 버려 두기 아쉬워 얼른 배 봉지들을 찢어 낸다. 더 열심히 먹어야지. 더 맛있게 전부 먹어 치우리라 다짐한다.

Pear Vinegar

배 식초

언제나 제철 과일은 넘친다. 특히 과수원집 딸은 그 넘친다는 의미를 온몸으로 알고 있다. 아무리 팔고 먹어도 남고, 아무리 나눠 줘도 어지간히 남는다. 그래도 남은 과일은 버리지 않으려면 어떻게든 가공을 할 수밖에 없다. 잼도 만들고 식초도 담고 시럽도 만들고. 그렇게 품을 들여 열매의 시간을 살리고, 맛을 살려 낸다. 그래서 매년 배 농원에서는 넘쳐 나는 작은 배들로 식초를 담근다. 농원에서 빚는 배 식초는 배를 가공할 수 있는 가장 쉬운 방법이자 시원한 배 향을 그대로 살릴 수 있는 유일한 방법이다.

5L 분량

ingredient

배 5kg
설탕 500g(음용 배 식초로 담글 경우 설탕 1.5kg)

- 속성으로 담글 때 종초(곡물 발효 식초 원액이나 양조 식초) 300ml
- 음용 배 식초란 홍초처럼 물에 희석하여 음료로 마실 수 있는 식초를 말한다. 일반 식초보다 산도가 떨어지고 과일 맛이 더 많이 나는 것이 특징이다.
- 과실초는 보통 산미가 있는 과일로 담근다. 청을 담글 때보다 설탕을 더 적게 넣고 기다리면 새콤한 발효가 시작되는데, 첫 발효는 알코올발효로 과일 주스가 오래되면 술이 되는 것과 비슷하다. 이 알코올발효가 지나면 비로소 초산발효가 시작된다.
- 식초를 쉽게 만드는 방법에는 두 가지가 있다. 배에 초산균이 들어 있는 종초를 넣어서 발효가 빨리 일어나게 하는 속성 방법과 햇빛이 잘 드는 곳에 두고 천천히 자연발효가 일어나게 하는 농원식 방법이다. 농원처럼 몇백 킬로그램씩 담글 때는 독에 담아 1년을 두고 오래 숙성시키는 것이 좋지만 도시의 가정에서 적은 양을 만들어 먹을 때는 현실적으로 속성 방법이 좋다.

method

속성 방법

1 배는 껍질째 깨끗이 씻어 물기를 말린다.
2 가운데를 잘라 씨 부분을 도려내고 얇게 썬다.
3 씨를 뺀 배의 무게를 잰 다음 설탕을 배 무게의 10분의 1만큼 넣어준다.
4 배와 설탕을 잘 비벼 섞고 소독해 둔 유리병에 담는다.
5 종초를 붓고 입구를 광목으로 덮은 다음 고무줄로 묶어 밀봉한다.
6 직사광선을 피해 따뜻하고 바람이 잘 통하는 곳에서 1차 발효(알코올발효)시킨다.
7 40일이 지나면 체에 내려 건더기를 걸러 내고, 액은 다시 용기에 담는다.
8 6~7개월 동안 직사광선을 피해 따뜻하고 바람이 잘 통하는 곳에서 2차 발효(초산발효)시킨다.

농원식 방법

1 속성 방법의 과정 1~4을 따라 재료를 준비한다.
2 그대로 바람이 따뜻하고 바람이 잘 통하는 곳에서 1차 초산발효시킨다.
3 2개월 지나면 체에 내려 건더기를 걸러내고, 액은 항아리에 담는다.
4 볕이 잘 드는 따뜻한 곳에 두고 스스로 초산발효가 일어나도록 1년 이상 숙성시킨다.

- 배를 얇게 썰수록 설탕과 잘 버무려진다.
- 초산발효는 따뜻할수록 더 잘 된다. 종초를 부어 속성 방법으로 만들 때는 25~30도의 실내에서 이불을 덮어 발효시킨다.
- 농원식 방법은 온도 변화가 많은 곳에서 1년 내내 장기 발효를 시키기 때문에 용기는 반드시 통기성이 좋은 항아리를 써야 한다.
- 식초는 냉장 보관하지 않아도 좋은 조미료라 보관이 쉽다. 다만, 식초는 얼면 수분의 결정구조가 바뀌며 성분이 달라지기 때문에 원래의 신맛이 아예 사라지거나 희미해진다. 그래서 식초는 얼지 않도록 주의해야 한다.

배 식초 사이다 만드는 방법(300ml 분량)
ICE 차가운 탄산수 180ml+음용 배 식초 2~3tbsp+얼음 10개

Vegetable Pickles with Pear Vinegar

배 식초로 담그는 채소 피클

잘 자란 배나무 한 그루만 있어도 꽤 많은 배를 수확할 수 있다. 한 그루에서 얼추 40kg 컨테이너 5~6개는 채울 배가 나온다. 그러다 보니 농원에서는 넉넉한 배로 식초를 담그고, 그 식초를 귀한 줄 모르고 펑펑 쓰는 경향이 있다. 심지어 일반 가정에서 과실초와 양조 식초를 섞어 만드는 피클도 농원은 배 식초로 만든다. 배 특유의 시원한 맛이 기존의 식초물에 더해지면 피클의 맛을 살려 준다. 하지만 과실초만으로 피클을 만들면 발효 식초의 좋은 성분들이 식초물을 끓이는 과정에서 사라진다. 피클용 채소는 취향에 따라 자유롭게 골라도 되지만 단단한 정도에 따라 식초의 비율이 달라진다.

3L 분량

ingredient

a. 무
b. 양배추, 적채, 브로콜리
c. 알타리무, 파프리카, 셀러리, 콜라비, 오이
피클링 스파이스 1tbsp

a와 c처럼 단단한 채소의 경우
배 식초 : 물 : 설탕 = 1.5 : 1 : 1

b처럼 부드러운 채소의 경우
배 식초 : 물 : 설탕 = 1 : 1 : 1

method

1 피클용 채소는 깨끗이 씻어 물기를 말린다.
2 원하는 크기로 자른다. 무는 얇게 썰면 쌈무처럼 꺼내 먹기 좋고, 깍둑썰기하면 한 입에 먹기 좋다. 양배추나 적채, 브로콜리는 한 입 크기로 깍둑썰기한다.
3 깨끗이 소독한 유리병에 손질한 채소를 담는다.
4 배 식초, 물, 설탕을 비율대로 섞은 다음 피클링 스파이스를 넣고 식초물을 끓인다.
5 식초물이 끓어오르면 불을 끄고 소독해 둔 유리병의 목 부분까지 붓는다.
6 유리병 뚜껑을 닫고 위아래로 뒤집어 병 속 공기를 빼준다.

- 2~3일 정도 냉장고에서 숙성시킨다. 보존료가 들어가지 않으므로 냉장 보관 상태로 2주간 먹을 수 있다. 더 오래 보관하려면 냉장고에서 숙성이 끝난 다음 병 속 식초물을 다시 한소끔 끓인다.
- 피클링 스파이스 대신 고수씨 20알, 정향 10알, 월계수잎 2~5장, 통후추 20알을 사용해도 된다.

a.

b.

c.

Pear Chips

배 칩

부모님께서 괴산으로 귀농하시고 이듬해 처음 배를 수확했던 가을. 농사에 서툰 두 분이 거두어들인 대부분의 배는 주먹보다 작았다. 나무가 어리기도 했고 적과(열매 솎아내기)를 어떻게 해야 하는지 모르시던 때라 가지에 열매가 달리는 대로 자유롭게 놔두셨단다. 아무리 달고 맛이 좋아도 배는 크기가 작으면 상품이 되지 못하는 현실. 그렇게 남은 배를 버리느니 말려서 부피라도 줄여 보자고 생각해 낸 방법이 바로 말린 배 칩이다. 그 해 겨울부터 지금까지 농원의 냉동실에는 언제나 바삭하고 달콤한 배 칩이 채워져 있다.

5인분

ingredient

배 2~3개

method

1. 배는 껍질째 깨끗이 씻어 물기를 말린다.
2. 동그란 배의 모양을 살려 2~3mm 두께로 썬다.
3. 얇게 썬 배를 깨끗한 면 행주에 놓고 두드려 표면의 물기를 제거한다.
4. 건조기를 쓸 경우 70도에서 8시간, 혹은 채반에 얹어 상온에서 자연 건조시킨다.

- 만약 오븐을 사용하는 경우 180도로 예열된 오븐에서 30분 구운 다음 100도로 온도를 내려 30분을 더 굽고 상온에서 30분간 건조시킨다.
- 너무 바삭하게 만들면 배의 석질이 도드라지고 씹기에 딱딱하다. 어린이나 나이 든 부모님이 드실 경우 건조 시간을 줄이면 더욱 말랑한 배 칩이 만들어진다.
- 밀폐용기에 담아 직사광선을 피하고 건조한 곳에 두면 일주일 이상 두고 먹을 수 있다. 더 오래 둘 경우 냉동 보관한다.

Pear Jam

배 잼

왜 배는 잼이 없을까. 궁금한 마음에 용감히 배 잼을 만들기 시작했지만, 금방 그 이유를 알 수 있었다. 수분이 많은 과일은 잼을 만들면 양이 아주 많이 줄어든다. 특히 배는 대부분의 과일에 있는, 잼처럼 뭉쳐지는 성분인 펙틴이 없어 아무리 조려도 빵에 발리는 제형의 잼이 되지 않는다.
그럼에도 불구하고, 충분히 달콤한 배를 가지고 설탕을 뺀 배 잼을 만들어 보기로 했다. 펙틴을 첨가물로 넣기보다 자체에 펙틴이 풍부한 사과를 같이 넣었다. 여러 고민과 실험 끝에 순하고 건강한 배 잼이 완성되었다. 그래서 유독 아이들 먹거리로 사랑받는다.

300g 분량

ingredient

배 2개
사과 1개
아카시아 꿀 5tbsp(150g)
레몬즙 1/2tsp

method

1. 배와 사과는 깨끗이 씻어 껍질을 벗긴다.
2. 둘 다 가운데를 잘라 씨를 제거하고 얇게 썬 다음 믹서에 갈아 준다.
3. 이어서 냄비에 붓고 분량의 꿀을 넣어 중불에서 끓인다.
4. 끓어오르면서 생기는 거품을 계속 걷어 내고 다 걷히면 약불로 줄인다.
5. 레몬즙을 넣고 약불에서 점성이 생길 때까지 계속 졸인다.
6. 점성이 생기면 불을 끄고 소독해 둔 유리병에 담는다.
7. 유리병 뚜껑을 닫고 위아래로 뒤집어 병 속 공기를 빼준다.

Pear Sweet Potato Tart

배 고구마 타르트

유독 배 잼을 졸이면 군고구마 향기가 난다. 가끔 요리를 하다 보면, 의외의 재료에서 다른 작물의 향기를 맡게 되는 경우가 있다. 대체로 그런 경우 두 재료의 궁합은 기가 막힌 편이다. 원래 프랑스에서 만드는 서양배 타르트 밑에는 아몬드 크림이 들어가는 것이 일반적이었다. 그럼에도 우리의 배 타르트에 고구마 무스를 사용한 것은 순전히 배 잼에서 나는 고구마 향기에 기대어 시작한 일이었다. 다행스럽게도 두 재료의 맛과 향기가 잘 어우러져, 구수하고 포근한 배 고구마 타르트가 완성되었다.

1판 분량(지름 약 23cm)

ingredient

배 칩 20~25장
배 잼 300g
타르트 틀: 버터 60g, 슈거파우더 25g, 달걀노른자 1개, 박력분 120g
고구마 무스: 중간 크기의 고구마 2개, 생크림 3tbsp, 꿀 2½tbsp, 우유 약간

method

타르트 틀

1 분량의 버터는 상온에 두어 부드럽게 만든다.
2 버터가 부드러워지면 슈거파우더와 달걀노른자를 넣고 섞는다.
3 박력분은 체를 쳐서 곱게 거른 다음 2에 섞고 주걱으로 우물 정(#) 자를 그리며 반죽한다.
4 완성한 반죽은 한 덩어리로 뭉쳐 위생팩에 넣고 냉장실에서 1시간 정도 휴지시킨다.
5 반죽을 꺼내 밀대로 3mm 두께로 밀어 준다.
6 준비한 타르트 팬에 버터를 바른 다음 반죽을 올려 팬 모양에 맞게 자른다.
7 반죽에 포크로 구멍을 내고 누름판을 올린다.
8 165도로 예열한 오븐에 15분 동안 굽는다.
9 누름판을 꺼내고 타르트 틀이 전체적으로 갈색이 될 때까지 5분 더 구워 준다.

고구마 무스

10 고구마는 깨끗이 씻어 삶은 다음 껍질을 벗긴다.
11 그대로 볼에 넣고 숟가락으로 으깬다.
12 11에 우유, 생크림, 꿀을 차례대로 넣고 섞는다.
13 완성한 고구마 무스는 체로 걸러 입자를 곱게 만든다.

배 고구마 타르트

14 타르트 틀 위에 고구마 무스를 1cm 두께로 펴 바른다.
15 배 잼은 체에 밭쳐 물기를 뺀 다음 고구마 무스 위에 0.5cm 두께로 펴 바른다.
16 이어서 배 칩을 부채 모양처럼 펴서 올려 준다.
17 윗면이 타지 않도록 알루미늄 포일로 덮고 180도로 예열한 오븐에서 20분 동안 굽는다.

Grilled Pear Steak Plate

구운 배 스테이크 플레이트

봄에 딸기를 구웠다면 가을에는 배를 굽는다. 오븐에 구운 배는 표면이 캐러멜화되면서 불에 그슬린 향기를 갖게 되고, 수분이 빠진 만큼 단맛이 농축되어 생배와는 상반되는 매력을 갖게 된다. 식감 또한 부드러워지는데 이 구운 배가 소고기 스테이크와 탁월한 궁합을 자랑한다.

2~3인분

Ingredient

배 1개
양파 1개
스테이크용 소고기 250g
버터 1tbsp
올리브유 2tbsp
배와 양파 밑간: 올리브유 2tbsp, 소금 2꼬집, 후추 2꼬집
고기 밑간: 소금 2꼬집, 후추 2꼬집, 건로즈메리 약간
쌈 채소 1봉지(100~120g)

Method

1 배는 가운데를 잘라 씨를 뺀 다음 껍질째 웨지 모양으로 8등분한다.
2 양파는 껍질을 벗겨 웨지 모양으로 8등분한다.
3 소고기는 밑간 재료를 뿌려 재워 둔다.
4 오목한 오븐 팬에 종이 포일을 깔고 1의 배와 2의 양파를 올린 다음 분량의 밑간 재료를 뿌려 준다.
5 180도로 예열한 오븐에서 30분간 굽는다. 이때 중간에 한 번 꺼내 뒤집어 준다.
6 센 불에 프라이팬을 달군 다음 버터와 올리브유를 넣고 3의 소고기를 넣는다.
7 소고기 양면이 갈색빛이 될 때까지 튀기듯 구워 준다.
8 소고기 옆면까지 구운 다음 불을 끈다.
9 배와 양파가 든 오븐 팬에 8의 구운 소고기를 올린다.
10 프라이팬에 남은 육즙을 오븐 팬에 골고루 둘러 주고 180도에서 10분간 구워 준다.
11 오븐에서 꺼내 소고기를 먹기 좋은 두께로 썰어 준다.
12 쌈 채소는 깨끗이 씻어 물기를 말린 다음 접시에 먹기 좋게 깔아 준다.
13 구운 배와 양파, 소고기를 곁들여 먹는다.

Quince Pear Syrup

모과 배 청

나무 같이 단단한 열매라서 목과라고도 불리는 모과. 부엌칼로도 쉽게 잘리지 않아 농원에서는 아버지가 작두로 크게 반을 갈라 주신다. 그 결과 모과를 자르는 날에는 집 안 구석구석 모과 향이 진하게 스민다.
직접 모과 배 청을 담기 전까지, 모과란 말려서 약재로 쓰거나 간혹 뜨거운 차로 마신 기억밖에 없었다. 모과 맛 자체를 모르니 시원한 모과의 맛은 상상조차 어려웠달까. 모과만을 절여 청으로 만들면 본래의 하얀 빛깔은 붉게 변하고 주로 시큼한 맛이 난다. 그러나 모과와 배가 만나면 시큼한 맛이 단맛으로 덮어지며 과일로서 향기로운 모과 맛을 즐길 수 있다.

5L 분량

ingredient

배 2kg
모과 1kg
설탕 3kg

method

1 모과는 베이킹 소다로 문지른 다음 식초물에 30분 정도 담근다.
2 흐르는 물에 깨끗이 씻어 물기를 말린다.
3 가운데를 잘라 씨 부분을 긁어내고 3~5mm 두께로 썬다.
4 배는 껍질째 깨끗이 씻어 말린다.
5 배도 반으로 잘라 씨를 제거하고 5mm 두께로 썬다.
6 모과와 배를 준비한 설탕의 90퍼센트만 사용해 비벼서 섞는다.
7 미리 소독해 둔 밀폐 용기에 담고 윗면을 남은 10퍼센트의 설탕으로 꼼꼼히 덮는다.
8 설탕이 다 녹을 때까지(약 1주일) 실온에 둔 다음 냉장실에서 1~3개월 동안 숙성시킨다.
9 모과 향이 잘 우러나면 건더기를 체로 걸러 내고, 남은 액체는 다른 밀폐 용기에 담는다.
10 냉장실에서 1개월 더 숙성시킨다.

- 모과는 껍질에 영양가가 가장 풍부하므로 껍질째 청으로 만드는 게 좋다. 단 껍질에 특유의 점성이 있기 때문에 베이킹 소다(10tbsp)와 식초(5tbsp)를 사용해 깨끗이 씻어야 한다.
- 보존료를 넣지 않으므로 4도 이하의 냉장실에서 보관하는 게 좋다.

모과 배 라임에이드 만드는 방법(300ml 분량)
ICE 차가운 탄산수 180ml+모과 배 청 2⅓tbsp+라임 주스 2tsp+스피어민트잎 3~4장+얼음 10개

MINUTES
GULPS
SIPS

Omija Pear Syrup

오미자 배 청

오미자로 유명한 문경은 괴산의 배 농원에서 차로 30분 거리에 있다. 매년 9월이면 문경 농원에서 생오미자를 받는다. 일 년에 딱 한 달, 생생하게 물오른 오미자의 빛깔은 볼 때마다 매번 놀랍다. 오미자를 우려낸 고운 핑크 빛깔에 형광빛 광택이 같이 흐른다면 상상이 될까.
이 놀라운 빛깔의 열매는 9월에 청으로 담그지만, 그 새콤달콤한 맛 덕분에 봄에서 여름으로 넘어가는 5월 즈음에 제일 많이 찾는다. 다섯 가지 맛이 나는 열매라는 오미자는 과피와 과육은 달고 시고, 씨는 맵고 쓰고, 전초(잎, 줄기, 꽃, 뿌리 따위를 가진 풀포기 전체)는 짜다고도 한다. 이처럼 깊고 복잡한 어른스러운 맛의 오미자를 집에서도 쉽게 즐길 수 있게, 인시즌만의 오리지널 레시피로 소개한다.

10L 분량

ingredient

생오미자 2.5kg
레몬 1.2kg
배 3.7kg
설탕 7.4kg (설탕 양은 오미자, 레몬, 배를 합한 총량과 1:1의 비율로 맞춘다)

method

1 레몬은 베이킹 소다로 문지른 다음 식초물에 30분 정도 담근다.
2 흐르는 물에 깨끗이 씻어 말린다. 이때 물기가 완전히 마르지 않으면 청에 곰팡이가 생길 위험이 높다.
3 오미자는 흐르는 물에 살짝 헹구고, 배는 껍질째 씻어 말린다.
4 배는 5mm 두께로, 레몬은 3~5mm 두께로 썰고 씨를 제거한다.
5 오미자, 배, 레몬을 준비한 설탕의 90%만 사용해 비벼서 섞는다.
6 미리 소독해 둔 밀폐 용기에 담고 윗면을 남은 10%의 설탕으로 꼼꼼히 덮는다.
7 설탕이 다 녹을 때까지(약 1주일) 실온에 둔 다음 냉장실에서 1~3개월 동안 숙성시킨다.
8 오미자 향이 잘 우러나면 건더기를 체로 걸러 내고, 남은 액체는 다른 밀폐 용기에 담는다.
9 냉장실에서 1개월 더 숙성시킨다.

◦ 보존료를 넣지 않으므로 4도 이하의 냉장실에서 보관한다.
◦ 오미자는 끓이면 떫은맛이 강해진다. 되도록 차게 마시는 게 좋다.

오미자 아이스티 만드는 방법(300ml 분량)

ICE 차가운 물 250ml+오미자 배 청 3~4tbsp+레몬즙 2tbsp+레몬 슬라이스 1개+얼음 10개

Omija Ice Cream

오미자 아이스크림

오미자의 다섯 가지 맛 중에 가장 강하게 느껴지는 맛은 신맛이다. 산도 때문에 오미자청을 우유에 타면 요거트처럼 걸쭉해지고, 우유 단백질의 가벼운 응고가 바로 일어난다. 맛만 보자면 모두가 좋아하는 요구르트 맛. 걸쭉해서 마시기 부담스럽다면 아이스크림으로 얼리면 된다. 시원하고 부드럽게 오미자를 즐길 수 있다.

500g 분량

ingredient

오미자 배 청 150g
우유 250g
생크림 100g

method

1 우유에 오미자 배 청을 넣고 요거트처럼 몽글몽글해질 때까지 저어 준다.
2 생크림은 단단하게 뿔이 올라올 때까지 저어 준다.
3 1과 2를 섞은 다음 냉동실에 넣어 2시간 정도 얼린다.
4 아이스크림이 다 얼지 않았을 때 포크를 이용해 긁어서 섞고 다시 얼린다. 이 과정을 2~3회 반복하면 아이스크림이 부드러워진다.
5 마지막으로 냉동실에서 6시간 이상 얼린다.

10월 / 사과

궤짝 안의 사과

이른 가을, 가지가 휘어질 정도로 묵직한 사과들이 붉게 달아오르기 시작하면 추석을 앞둔 수확이 시작된다. 사과의 뒤 꼭지까지 빨개지라고 과수원 바닥에는 온통 번쩍이는 은박 카펫이 깔려 있건만, 올해는 유난한 날씨 덕인지 색이 덜 나왔다. 속상함을 뒤로하고 열매들을 따 내려 상온에서 보름 가까이 후숙을 시킨 뒤, 저장시설에 넣는다. 이때 한 알 한 알 크기에 따라 계측하고, 흠집이 있는지를 가려내는 선별 작업이 시작된다. 제사상 덕분에 명절엔 사과의 크기도 중요하다. 크고 좋은 사과들을 가리고 나면 어딘가 새가 콕 쪼았거나, 좀 작거나, 상처 입은 열매들이 한 아름 허드레 궤짝에 담긴다. 딱히 개수를 세어 넣는 법도 없이 한 상자 가득 담긴다.

충주에서 친척 중에 사과 농사를 짓는 집이 있다면, 사과는 돈 주고 사 먹는 과일은 아니었다. 사시사철, 베란다 한 구석에는 나무 궤짝 한가득 색이 바랜 사과가 있었다. 좋은 사과들은 다 팔려 나가고 남은 것을 먹다 보니, 유독 기억 속의 사과란 빨갛기보다 얼룩덜룩한 사과, 또는 어디 한 군데 흠집이 있는 자그마한 사과들뿐이다. 원래 과일은 껍질에 흠집이 나면 그 향이 더 진해진다. 늘 베란다에 나가면 그렇게 달큰한 사과와 사과 궤짝의 매캐한 향기가 엉켜 진하게 존재감을 드러내곤 했다. 밥을 먹고 나면 후식은 늘 그 사과뿐이었고, 그래서 더 잘 안 먹었다. 하도 먹어서 질렸다는 표현이 맞겠다. 이제는 그만, 다른 귀한 '과일'을 먹고 싶다는 생각뿐이었다.

'사과를 먹고 싶다'는 생각이 들었던 것은 서울살이가 십 년을 넘어갈 즈음이었다. 어느 가을밤, 서늘한 바람을 맞으면서 그 베란다의 향기가 그리웠다. 상처 입은 사과의 달달한 향기에 섞인 톱밥 냄새. 서울 홍대 한복판에서 나무 궤짝에 담긴 사과를 찾겠다는 무모한 용기가 가득했던 밤, 처음으로 사과를 사기 위해 과일 가게에 들렀다. 한 알에 붙어 있는 가격을 보고 손이 떨려 차마 살 수가 없었다. 사과라는 과일이 이토록 비쌌던가. 그나마 재래시장 골목에서 저렴한 한 바구니의 사과를 들고 왔는데, 그 질리도록 진하던 향기가 나지 않았다. 여러 번의 시행착오 끝에, 도시에서 옛날 같은 사과를 만나기란 아주 운이 좋아야 가능한 일이란 걸 깨닫게 되었다. 인시즌에서 사과로 제품을 만들기 시작하면서 친척집 사과 농원에서 사과를 몇 박스 받기 시작했다. 선물용 상자가 아닌 투박한 종이 상자에 꽉 차게 들어 있는 상처 난 사과들 틈에서 어릴 적 익숙한 향기를 다시 발견했다. 그때나 지금이나 사과는 여전히 그 자리에 있었다.

Apple Cinnamon Syrup

애플 시나몬 시럽

계절을 따라, 흘러가는 시간의 기운을 따라 분명히 몸으로 기억하는 맛이 있다. 가을도 중반에 접어들면 목 너머 저편에서 따스한 한잔이 간절해지고, 그 한잔의 끝엔 늘 시나몬 향기가 나곤 한다. 서늘한 찬 바람을 헤치고 도착한 카페에서 맡는 달콤한 갈색 향기만큼 이 계절에 어울리는 향기가 있을까. 큰 솥에 두 손 가득 시나몬 스틱을 넣고 농원에서 굴러다니는 작은 사과들을 가득 받아다 진하게 끓여 낸다. 차로 마시고, 핫케익에 뿌리고, 시리얼을 구워 내는 그 모든 시간을 사과와 시나몬 향기로 가득 채우기 위해.

1.5~1.8L 분량

ingredient

사과 3개(약 1kg)
설탕 1kg
정제수 1L
시나몬 스틱 5개

method

1 사과는 껍질째 깨끗이 씻어 물기를 말린다.
2 가운데를 잘라 씨 부분을 도려내고 3mm 두께로 썬다.
3 손질한 사과와 분량의 설탕을 비빈 다음 설탕이 녹고 사과의 수분이 충분히 우러나도록 2시간가량 놔둔다.
4 냄비에 3의 사과와 정제수, 시나몬 스틱을 넣고 센 불에서 끓인다.
5 사과가 투명해지면 불을 끄고 체에 밭쳐 건더기는 거른다. 남은 액체는 밀폐 용기에 담는다.
6 실온에서 한 김 식힌 다음 냉장고에 보관한다.

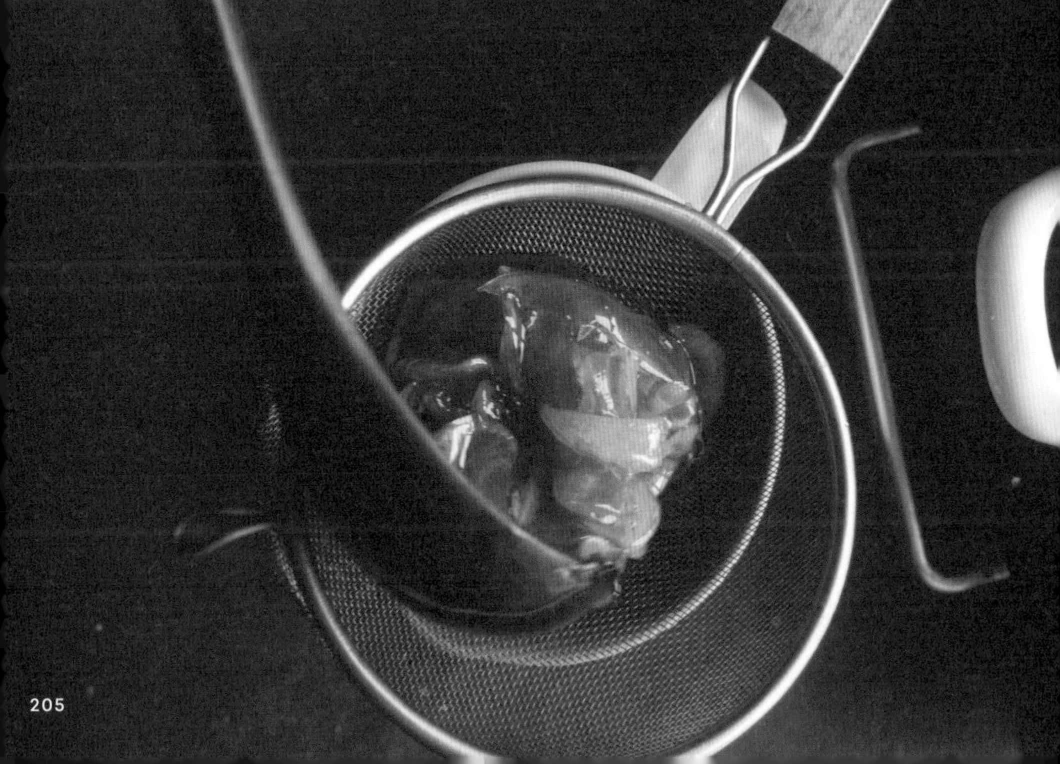

Apple Cinnamon Black Tea

애플 시나몬 블랙티

벌써 따뜻한 한잔 없이는 여유로운 산책이 어려운 날들이 다가온다. 찬 바람에 움츠리고, 외투를 여미지 않고 두 손 자유로이 걸을 수 있는 계절의 끝에서 코끝에 먼저 어리는 향기. 평소에는 쳐다보지도 않는데 카푸치노 위에 거의 들이붓다시피 뿌려진 시나몬 가루가 유독 따뜻하게 온몸에 감돈다. 이 계절에 가장 붉은 사과와 시나몬의 향기를 깔끔한 블랙티에 녹여내면, 인시즌식 가을이 완성된다. 사과와 시나몬을 사랑하는 당신이라면 완벽한 티타임을 즐길 수 있다.

300ml 분량

Ingredient

뜨거운 물 250ml
홍차 잎차 2.5g 또는 티백 1개
애플 시나몬 시럽 2~3tbsp
시나몬 스틱 1개

Method

1 팔팔 끓인 물에 준비한 홍차를 넣는다. 티백은 2~3분, 잎차는 3~5분간 우려낸다.
2 애플 시나몬 시럽을 넣는다.
3 마지막으로 시나몬 스틱을 넣고 저어가며 천천히 마신다.

◦ 홍차를 제대로 우려내는 일은 생각보다 번거롭다. 영국식으로 스탠다드하게 홍차를 만들려면 좋은 찻잎에 팔팔 끓는 물을 부어 충분히 우려내야 한다. 찻잎 부스러기(Dust)로 만든 티백은 3분이면 떫은맛이 올라오지만 잎차(Whole Leaf Tea)는 최소 3분 이상은 우려야 제대로 맛을 낼 수 있다. 애플 시나몬 블랙티처럼 홍차에 다른 재료로 맛을 더하는 경우는 특별한 맛을 갖고 있지 않은 싱글티(Single Tea, 단일 다원에서 재배한 한 가지 찻잎으로 구성된 차)나 일반적인 잉글리시 브렉퍼스트(English Break-fast, 두 가지 이상의 홍차가 섞인 차)가 좋다. 만약 아이스티로 즐긴다면 얼그레이티를 추천한다.

Apple Latte

애플 라떼

커피 음료를 만들 때 사용되는 시판 설탕 시럽은 맛과 향이 진한 편이다. 우유의 짙은 맛을 뚫고 커피의 진한 향을 이겨내야 마시는 사람에게 전달되기에, 설탕 시럽에 인공적인 가향 에센스를 넣어 맛을 내기 때문이다. 인공적인 가향 처리 없이 과일(천연 재료)만으로 과일 자체의 맛과 향을 충분히 내기란 어려운 일이다. 그래서 진한 사과즙을 넣기 시작했다. 우유 속에 녹아 버린 시럽만으로는 부족한 사과 향기를 생생하게 불어넣기 위해서.

300ml 분량

Ingredient

애플 시나몬 시럽 2⅓tbsp
사과즙 1⅓tbsp
우유 250ml
사과 슬라이스 1개
뜨거운 물 적당량

Method

1 라떼를 담을 머그잔에 뜨거운 물을 부어 따뜻하게 데운다.
2 밀크팬에 우유를 붓고 약불에서 유막이 생기지 않을 정도로 따뜻하게 데운다.
3 머그잔에 담긴 물을 비우고 분량의 애플 시나몬 시럽과 사과즙을 넣는다.
4 데운 우유를 붓고 윗면에 우유 거품을 올린다.
5 사과 슬라이스를 올려 장식한 다음 마시기 전 시럽과 잘 섞이도록 저어준다.

- 우유 거품을 더 부드럽게 즐기고 싶다면 우유 거품기나 스팀 노즐로 데워 준다.
- 차가운 우유를 넣어 아이스 라떼로 즐기면 사과 맛이 더욱 선명해진다.

아이스 애플 라떼 만드는 방법(300ml 분량)

ICE 차가운 우유 200ml+ 애플 시나몬 시럽 2⅓tbsp+사과즙 1⅓tbsp+사과 슬라이스 1개+얼음 10개

Apple Cereal Bar

애플 시리얼 바

어렸을 적 외할머니네 동네 재래시장에서 쌀 튀밥으로 강정을 만드는 걸 구경한 적이 있다. 대포 같은 데서 갓 나온 고소한 튀밥에 절절 끓는 시럽을 부어 섞고 넓은 평상 위에 펼쳐 놓는다. 긴 각목이 한 번 지나가면 일정한 두께로 펴지고 가장자리를 딱딱 쳐 주면 금세 네모나게 모양이 잡혔다. 옆에서 목을 빼고 휘둥그레 쳐다보면 한 조각씩 얻어먹는 묘미가 있었다.
이제 소개할 시리얼 바는 재료와 과정의 차이는 있지만 어릴 적 강정과 기본 원리가 유사하다. 튀밥 대신 볶은 곡식과 시리얼을 취향대로 섞어 뜨거운 시럽을 부어 모양을 잡아 주면 완성. 건강한 아침 식사가 한 번에 뚝딱 만들어진다.

6개 분량(약 300g)

Ingredient

시리얼: 통밀 후레이크 50g, 현미 후레이크 50g
곡물: 볶은 수수 50g, 볶은 메밀 50g, 귀리 50g
사과 칩 잘게 부순 것 50g
애플 시나몬 시럽 5tbsp(시럽 양은 재료 총량의 1/4)

Method

1. 용기에 분량의 시리얼 재료를 넣고 적당한 크기로 부순 다음 곡물과 사과 칩을 넣고 골고루 섞는다.
2. 팬에 애플 시나몬 시럽을 넣고 팔팔 끓인다.
3. 이어서 1의 시리얼을 넣고 시럽이 골고루 묻도록 저어 주다 시럽이 절반 이상 줄어들면 불을 끈다.
4. 평평한 판 위에 종이 포일을 깔고 시리얼을 넓게 펴서 식힌다.
5. 냉장고에 하루 정도 굳힌 다음 적당한 크기로 자른다.
6. 미리 소독해 둔 밀폐 용기에 흡습제와 함께 넣고 직사광선이 비추지 않는 서늘한 곳에서 보관한다.

◦ 냉장 보관은 1달, 냉동 보관은 3개월까지 가능하다.

Apple Jam

애플 잼

이맘때쯤 농원에서 사과를 박스로 받으면, 처음 일주일은 그냥 깎아 먹기만 해도 행복하다. 그렇게 주위에 나누며 열심히 먹어도 결국은 박스 바닥에 남는 사과가 몇 개 굴러다니기 마련이다. 남은 사과는 그대로 말리지 말고 잼을 만드는 게 좋다. 대체로, 우리에게 정체는 익숙하지만 맛의 실체가 없는 것이 애플 잼이다. 베이커리의 애플파이 속만이 애플 잼이 아니다. 토스트나 파이 등 베이커리에도 잘 어울리고 연어 플레이트처럼 메인 요리에서도 달콤한 감칠맛을 내는 것이 바로 애플 잼이다.

500g 분량

Ingredient

애플 시나몬 시럽을 끓이고 난 건더기
백설탕 사과 양의 1/2
레몬즙 약간
시나몬 가루 약간(생략 가능)

Method

1. 애플 시나몬 시럽을 끓이고 난 건더기를 믹서에 갈아 준다.
2. 1과 분량의 설탕을 냄비에 넣고 센 불에서 끓인다.
3. 한소끔 끓어오르면 레몬즙을 넣고 중간불로 줄여 졸인다. 이때 눌어붙지 않게 잘 저어준다.
4. 점성이 생기고 잼 형태를 띠면 불을 끄고 취향에 따라 시나몬 가루를 넣어 섞는다.
5. 미리 소독해둔 유리병에 담는다.
6. 유리병 뚜껑을 닫고 위아래를 뒤집어 병 속 공기를 빼 준다.

◦ 애플 시나몬 시럽 건더기 대신 생사과를 사용할 경우 사과(2~3개)를 4등분해 가운데 심부분을 제거한 뒤 적당한 크기로 잘라 믹서에 갈아준다.

Apple Glazed Salmon Plate

애플 연어 플레이트

사과는 고기 요리의 잡내를 잡아 주고 풍미를 더해 주는 대표적인 식재료다. 육질이 부드러워지는 것은 물론, 돼지고기나 연어같이 기름진 식재료를 요리할 때 넣어 주면 상큼 달콤한 사과 향이 입맛을 돋우며 기름진 뒷맛을 깔끔하게 잡아 준다. 조금 이국적인 사과 요리를 원할 때 추천하는 요리는 애플 연어 플레이트. 생연어에 단호박과 토마토, 적양파를 올리고 애플 잼과 소스를 연어 표면에 발라 구워 내는 북미식 가을 레시피다.

2인분

Ingredient

연어 필레 1토막
단호박 1/8개
적양파 1개
방울토마토 12개
애플 잼 8tsp
생로즈메리 1줄기
소스: 애플 시나몬 시럽 150g, 올리브유 4tbsp, 소금 1tbsp, 후추 1tbsp, 다진마늘 1tbsp, 건바질 1tsp, 건오레가노 1tsp

Method

1 소스 재료는 한데 섞어 맛이 들게 30분 이상 숙성시킨다.
2 양파는 깍둑 썰기, 단호박은 반달 썰기, 연어는 한 입 크기로 자른다.
3 오븐 팬에 양파를 깔고 그 위에 단호박을 올린다.
4 꼭지를 제거한 방울토마토를 단호박과 겹치지 않게 올리고 연어를 올린다.
5 연어 한 조각당 애플 잼 1tsp를 바르고, 그 위에 소스를 1tbsp 뿌린다.
6 남은 소스를 전체적으로 골고루 뿌리고 생로즈메리 줄기를 올린다.
7 190도로 예열한 오븐에서 25~30분간 굽는다.

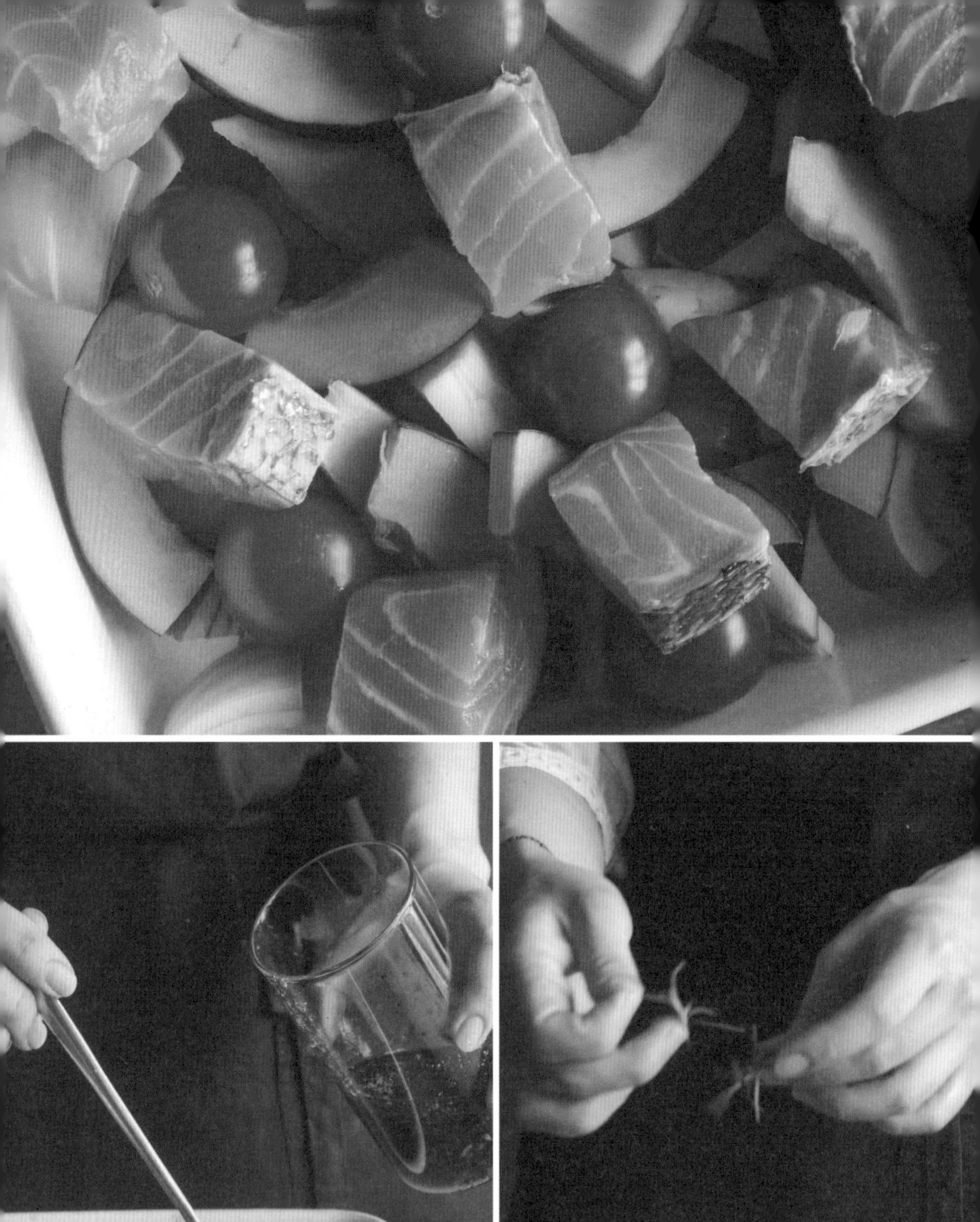

Apple Gallete

애플 갈레트

사과가 듬뿍 들어간 애플 파이를 직접 구워 보는 것은 오랜 로망 중 하나였다. 얼마 전까지만 해도 외국에서나 구경할 수 있는, 흔치 않은 풍경이었기 때문이다. 갈레트는 프랑스 농부들이 과일을 가지고 먹기 좋게 만든 투박한 파이를 말한다. 일반적으로 프랑스식 파이가 반죽을 한 번 구워 내고 그 위에 필링을 채워 두 번 구워 완성하는 것이라면, 갈레트는 반죽 위에 바로 필링을 올리고 가장자리를 투박하게 접어 한 번 구워 내면 끝이다. 갓 구워 따뜻하게 먹어도, 하루 식혀 차갑게 먹어도 맛이 좋다.

4개 분량

Ingredient

갈레트 반죽: 다진 호두 50g, 박력분 160g, 버터 120g, 찬물 50ml, 소금 약간
크럼블(8tbsp): 버터 50g, 설탕 50g, 박력분 50g
아몬드 크림: 아몬드 가루 50g, 설탕 50g, 버터 50g, 달걀 1개
애플 잼 4tbsp
시나몬 슈거 4tbsp(설탕과 시나몬 가루 50:1)
사과 2개

Method

갈레트 반죽

1 볼에 물을 제외한 모든 재료를 넣고 버터가 콩알 크기가 될 때까지 스크래퍼로 다진다.
2 1에 찬물을 넣고 포크로 날가루가 보이지 않을 때까지 섞는다.
3 동그랗게 모양을 만들어 냉장고에서 30분 이상 휴지시킨다.

아몬드 크림

4 볼에 실온에서 부드러워진 버터와 분량의 설탕을 넣고 크리미한 상태가 될 때까지 섞는다.
5 4에 달걀과 아몬드 가루를 넣고 2분 정도 섞은 다음 랩을 씌워 놓는다.

크럼블

6 분량의 재료를 모두 섞고 손으로 문질러 작은 콩알 모양으로 뭉친다.
7 굽기 전까지 냉장 보관한다. 남으면 냉동으로 보관한다.

갈레트

8 사과는 가운데를 잘라 씨 부분을 빼고 얇게 썬다.
9 3의 갈레트 반죽을 4등분한 다음 동그랗게 모양을 만든다.
10 바닥에 밀가루를 조금 뿌리고 반죽을 올린다.
11 지름 크기가 25cm가 되게 밀대로 밀어 준다.
12 11의 반죽 가운데에 아몬드 크림을 2tbsp 바르고 그 위에 애플 잼을 1tbsp 바른다.
13 그 위에 사과, 시나몬 슈거를 차례로 올린다.
14 준비한 필링을 모두 넣었으면 사진과 같이 반죽 가장자리를 안쪽으로 접어 준다.
15 마지막으로 가운데에 7의 크럼블을 올리고 180도로 예열한 오븐에서 25분 구워 준다.

11월
/
영귤

아직도 푸른 제주

가을에서 겨울로 넘어가는 경계는 그리 뚜렷하지 않은 편이다. 그래서일까. 모두가 같은 시간을 보내고 있음에도 각기 다른 계절을 살고 있다. 11월에 들어서니 연남동은 벌써 초겨울이라 불러도 좋을 서늘한 아침이 시작되었다. 사무실 앞 가로수의 거의 모든 잎사귀들이 땅으로 쏟아져 내렸다. 매번 작년보다 조금씩 빨리 겨울이 시작되는 것 같다.

지난 주말에 불쑥 제주를 다녀왔다. 폭풍우 치던 첫날을 제외하고, 이튿날부터 눈부신 하늘을 보여 준 초가을 날씨에 신기한 기분으로 영귤 농원을 찾았다. 한라산 중턱에 자리한 농원에서는 지중해에서나 볼 법한 석류부터 대봉이라는 커다란 홍시, 유자, 제주 토종 당유자 그리고 영귤이 함께 살고 있었다. 그런데 농원 전체를 통틀어 감나무 한 가지를 제외하고 딱히 앙상한 나무가 없었다. 가을 겨울에 열매를 수확하는 감귤계 나무들은 지금부터 한창이었다. 푸른 잎이 무성한 가지 사이로 덩실덩실 열매를 맺고, 심지어 노랗게 열매가 익어 무거운 가지가 바닥에 끌리도록 휘어지기도 한다. 그렇지 않아도 야자수 덕분에 충분히 이국적인 풍경 속에서 11월의 제주는 여전히 푸르다. 낙엽조차 지지 않을 것만 같았다.

Sudachi Pear Syrup

영귤 배 청

영귤은 일본어로 스다치(酢だち)라고 하는데, 이름에 초(酢)가 들어갈 만큼 레시피를 개발한 과일 중에 맛이 제일 시다. 과일의 신맛이 너무 강하면 쓴맛처럼 느껴지는데, 영귤의 끝 맛이 그렇다. 그러다 보니 보통 과일에 쓰이는 설탕 비율이 통하지 않는다. 쓴맛을 잡으려 설탕 양을 늘리면 새콤달콤을 넘어서서 신맛, 단맛이 둘 다 강해 맛이 독하게 느껴진다. 영귤의 향기는 그대로, 맛은 더 부드럽게 즐길 수 있는 방법을 찾느라 1년을 보냈다. 오미자의 신맛을 풀어 주고 부족한 단맛을 채워 주던 배가 떠올랐다. 영귤과 배를 함께 담그고 일주일이 지나자 푸른 향기가 녹아든 달콤하고 부드러운 차가 완성되었다.

5L 분량

Ingredient

씨를 뺀 영귤 2kg
씨를 뺀 배 1kg
설탕 3kg,
　　300g(윗면을 덮어 줄 여분의 설탕을 따로 10% 정도 준비한다)

Method

1 영귤은 껍질째 사용하므로 영귤 표면에 베이킹 소다를 문지른 다음 식초물에 10분 정도 담가둔다.
2 흐르는 물에 깨끗이 헹궈 물기를 말린 뒤 껍질째 얇게 썰고 씨를 제거한다.
3 배는 껍질째 깨끗이 씻어 말린 뒤 반으로 갈라 씨를 제거하고 얇게 썬다.
4 영귤, 배를 분량의 설탕과 함께 비벼 준다.
5 4를 밀폐 용기에 담고, 윗면을 여분의 설탕(300g)으로 꼼꼼히 덮어 공기에 노출되지 않게 한다.
6 실온에서 1주일 이상 숙성시킨 뒤 냉장 보관한다.

Sudachi Pear Tea

영귤차

모든 감귤계의 과일들이 그러하듯이 푸르게 맺힌 열매가 노랗게 익는다. 영귤도 마찬가지다. 다만, 청귤이나 청유자는 덜 익은 상태로 수확해 청을 담고 요리에 활용한다면, 영귤은 푸를 때 수확하는 것이 제철이라는 점에서 차이가 있다. 12월이 되면 나무에서 미처 다 따지 못한 영귤이 노래진다. 이 시기의 영귤은 푸른 영귤 대비 산도도 약하고, 조금 더 순한 맛과 향이 난다고 볼 수 있다. 세상에서 제일 맛있는 영귤차는 9월에서 11월까지 주로 농원에서 즐길 수 있는 생영귤차다. 머그컵에 생영귤을 두어 개 잘라서 즙을 짜 넣고 뜨거운 물을 붓는다. 그리고 설탕을 넣어 마시면(최소 2~3tsp) 천연 새콤달콤을 마실 수 있다. 다만 열매로 보관하자면 아무리 잘 보관해도 냉장 1달이 한계. 지나면 노래진다. 이 푸른 맛과 향을 최대한 살려 두고 마시고 싶어서 청을 담는다. 작은 열매를 일일이 썰고 씨를 빼는 작업을 더해 열매의 맛을 유리병 속에 최대한 가둬 본다.

300ml 분량

Ingredient

물 250ml
영귤 배 청 4tbsp
영귤 배 청에 들어있는 영귤 슬라이스 2~3개

Method

1 물을 팔팔 끓인다.
2 컵에 영귤 슬라이스, 영귤 배 청을 담고 끓인 물을 붓는다.
3 영귤 배 청과 물이 잘 섞이도록 저어준다.
4 취향에 따라 영귤 배 청 양을 조절하며 가장 좋아하는 맛을 찾는다.

영귤 에이드 만드는 방법(300ml 분량)

ICE 차가운 탄산수 180ml+영귤 배 청 3~4tbsp+얼음 10개

Sudachi Muffin

영귤 머핀

막 빵을 구워 낸 오븐에서는 세상에서 제일 기분 좋은 냄새가 난다. 갓 구운 빵에서 피어오른 버터와 설탕의 고소하고 달큰한 냄새. 대학원 시절 학교 안에 있는 빵집에는 아침마다 이 냄새가 났고, 나는 매일 출근 도장을 찍을 수밖에 없었다. 아침에는 항상 머핀을 골랐다. 머핀과 블랙 커피 한잔이면 오전의 긴 수업 시간도 견딜 만했다. 만약 나와 같이 머핀을 좋아한다면, 그리고 매일 먹는 머핀이 어느 순간 조금 지루하게 느껴진다면 영귤 머핀을 추천한다. 영귤의 푸른 향이 머핀에 상큼함을 더해 줄 것이다.

12개 분량

Ingredient

실온에 녹인 버터 170g
박력분 265g
베이킹파우더 1tsp
영귤 배 청 건더기 다진 것 90g
A: 설탕 165g, 영귤 제스트 2g
B: 달걀 3개, 우유 150ml, 영귤 배 청 액 6tbsp

Method

1 준비한 박력분, 베이킹파우더를 체에 곱게 내린다.
2 B 재료를 모두 넣고 섞는다.
3 볼에 A 재료를 모두 넣고 섞은 다음, 실온에서 녹인 버터를 넣고 핸드믹서로 하얗게 될 때까지 풀어 준다.
4 이어서 2에서 섞은 B를 4~5번에 걸쳐 넣어 주며 계속 저어 준다.
5 4에 1의 박력분과 베이킹파우더를 넣고, 고무 주걱으로 자르듯이 섞는다.
6 완성된 반죽을 머핀 틀에 2/3 정도 채운다.
7 170도로 예열한 오븐에서 23~30분 구워 준다.

◦ 유달리 촉촉한 머핀이라 일반 머핀보다 액체류가 많이 들어간다. 버터와 섞는 과정에서 섞이지 않고 분리되기 쉬우므로 액체류는 여러 번에 나눠서 조금씩 넣어 주는 것이 중요하다.

Winter

12월 / 생강

생강에 대한 오만과 편견

태생적으로 향기에 약한 나는 지금껏 모든 요리에서 눈에 보이는 생강 조각은 빼고 먹었다. 맵고 아린 맛과 향에 질려 생강차 역시 두 모금 이상 마셔 본 기억이 없다. 그런 내게 외국인 친구가 권하는 진저 에일은 난감한 일이었다. 유난히 외국인 친구의 호의는 거절이 어렵다. 왜 생강을 안 먹는지 설명하기가 어려우니까. 결국 눈 딱 감고 마셨는데, 생각하던 생강의 맛과는 전혀 달랐다. 시원하고 가볍고 달콤하고, 살짝 아린 맛도 짜릿했다. 주전자에 생생강을 잔뜩 넣고 한 시간씩 푹 끓여 내 진국만 차로 마시던 우리 생강차와는 큰 거리가 있었다. 어떤 식재료든 먹는 방법에 따라 맛은 얼마든지 달라질 수 있다고 믿게 되었다.

처음 진저 시럽을 만들기로 결심했던 날은 자신만만했다. 든든한 레시피와 충분한 양의 생강이 있었으니까. 열심을 다해 생강 껍질을 벗기기 시작한 지 1시간. 두 손등이 가렵다 못해 아리기 시작했다. 벌겋게 달아오르는 손등이 후끈거렸다. 실수로 생강 껍질이 튀어 눈에 들어가면 아무리 씻어도 매운 기가 쉬이 가시질 않았다. 눈물이 줄줄, 온얼굴을 씻어 내릴 만큼 나와야 앞이 보이고 정신이 들었다. 그렇게 둘이 열심히 벗겨 낸 생강을 저울에 달아 보면 아직도 1킬로그램이 채 되질 않았다. 무심결에 생강 까던 손으로 눈을 비비고 다시 눈물의 시간이 시작됐다.

All about Sugar

설탕에 관하여

Sugar. 건강을 위해 얼마나 포기할 수 있을까. 매일 자신과 싸움을 벌이지만, 날씨에 따라 혹은 그날의 기분에 따라 곧잘 승패가 결정되곤 한다. 일주일에 단 하루, 오늘만큼은 인생에 달콤함이 필요하다고 느껴지는 날이면 죄책감은 내려놓고 즐기는 것도 필요하다. 결국 건강을 위해 달콤함을 즐길 수 있는 방법은 없더라도, 덜 나쁘게 할 수 있는 방법은 있지 않을까 찾게 된다. 콜라를 내려 놓고 직접 만든 생강 시럽으로 즐기는 진저 에일처럼. 적을 알고 나를 알면 백전 불패. 단맛을 내는 데는 다양한 방법이 있고, 설탕 역시 종류가 무궁무진하다. 좀 더 지혜롭게 단맛을 즐길 수 있도록, 시판하는 설탕의 종류와 특징을 간단히 소개한다.

1 백설탕(정백당): 사탕수수에서 순수하게 단맛이 나는 부분을 결정화하여 추출한 것으로 당도가 높고 단맛이 깔끔하다. 설탕 중에 가장 흰 도화지 같아서 가공하고자 하는 과일의 맛과 향, 색을 그대로 전달해 준다.

- 색이 뚜렷한 과일 잼이나 청(주로 새콤달콤한 맛)을 만들 때는 백설탕으로 과일 맛을 뚜렷이 내는 대신, 설탕 양을 과일 양의 절반 이하로 최소화하는 레시피를 추천한다.

2 당밀(Molasses): 사탕수수를 정제해 백설탕을 얻고 남은 시럽을 당밀이라고 한다. 정제되지 않은 부분이라 사탕수수에 포함된 미네랄 성분이 풍부하고, 설탕보다 당도가 떨어지지만 본연의 쌉쌀하고 달콤한 맛과 구수한 풍미가 살아 있어 외국에서는 생강 쿠키 등 다양한 베이킹에 널리 활용한다.

- 당밀 특유의 쓴맛이나 구수한 사탕수수와 풍미가 어울리는 메뉴(Sweet & Dark): 생강으로 만드는 모든 메뉴, 애플 시더나 애플 파이, 또는 차이 밀크 티처럼 향신료가 많이 들어가는 레시피 등에 적극 활용하면 건강한 맛을 즐길 수 있다.

3 무스코바도(Muscovado): 원래 무스코바도라는 말은 1800년대부터 필리핀에서 전통 방식으로 만들어 온 특수한 비정제 설탕을 가리킨다. 절구에 사탕수수를 찧어 즙을 내고, 이것을 가마솥에서 끓여 수분을 증발시켜 만든다고 한다. 일반적으로는 사탕수수에서 원당으로 추출할 때 덜 정제된 원당을 말하기도 한다. 모이스트 슈거(Moist Sugar)라고 부르는 만큼 기존의 흑설탕보다 입자는 더 거칠고 약간 끕끕하다. 주로 당밀 대신 베이킹에 사용할 정도로 사탕수수 본연의 맛이 가득한 설탕이다.

- 정제도에 따라 다크와 라이트로 나뉜다. 라이트 무스코바도가 미네랄 함량으로 보면 당밀과 정백당의 중간 정도의 농도로 볼 수 있다(요리 중 황설탕을 사용하는 레시피라면 라이트 무스코바도로 대체해도 좋다). 무스코바도 역시 고유의 맛과 향이 강하므로 맛이 어울리는 재료와 함께 사용하는 것을 권한다.

4 황설탕과 흑설탕: 시중에서 파는 황설탕과 흑설탕은 정제 과정을 거쳐 만든 백설탕에 비정제 설탕의 맛을 흉내내기 위해 다시 인위적으로 카라멜 색소를 첨가한 것이다. 이렇게 만든 황설탕은 물에 얼른 헹구면 원래 흰색 결정이 나타나 쉽게 구별해 낼 수 있다. 백설탕에 비해 묵직한 맛을 내는 것이 특징이다.

5 유기농 원당: 설탕은 사탕수수나 사탕무를 잘게 쪼개 즙을 낸 뒤 가열과 원심분리 과정을 통해 원당으로 추출된다. 그리고 이 원당을 가공해 결정으로 만든 것이 정제당(백설탕)이다. 대체로 우리가 유기농 원당으로 사는 것은 정제당으로 결정화 작업에 들어가기 전, 사탕수수에서 추출한 밝은 원당이라고 할 수 있다. 그래서 일부는 유기농 원당을 비정제당이라고 부르기도 한다.
원당은 생산하는 과정에서 사탕 수수 본래의 성분인 당밀 함유량이 달라지기 때문에 산지별로 당도나 맛에 차이가 있다. 국내에서는 쿠바, 브라질, 피지, 태국 등 다양한 산지의 원당이 수입되고 있는데, 그중 우리가 처음 썼던 쿠바산은 구수한 맛이 강했다면 태국산은 구수한 맛이 덜하고 당도가 강한 편이었다. 설탕에도 취향이 확고한 사람이라면 입맛에 따라, 재료와의 어울림에 따라 다양한 종류를 사용해 보는 것이 좋다.

◦ 색이 곱다. 산미가 뛰어난 과일보다는 구수한 맛이 어울리는 과일에 추천한다.

Ginger Syrup

생강 시럽

반나절쯤 지났을까. 설탕에 비빈 생강에서 진액이 잔뜩 나오면 냄비에 넣고 본격적으로 시럽을 끓이는 작업이 시작된다. 한약 달이기에 익숙한 우리나라는 생강도 끓였다 하면 몇 시간이고 푹푹 끓이는 편이다. 반면 시럽과 잼의 본고장인 프랑스에서는 끓이는 것만큼이나 식히는 시간을 중요하게 여긴다. 베이킹에서 반죽의 휴지 시간을 기다리는 것처럼, 시럽이나 잼도 열을 가해 끓인 다음 천천히 식어가는 시간을 기다리는 것이다. 열기가 사그라들며 실온으로 잦아드는 순간 냄비 안에서 천천히 녹아나는 맛과 풍미가 있기 때문이다. 프랑스식 방법대로 모두 따라 할 수는 없지만, 뜨겁게 달아오른 생강 시럽이 적당히 따뜻해질 때까지 기다리는 시간만큼은 언제나 지키고 있다.

500ml 분량

ingredient

생강 350g
황설탕 혹은 유기농 원당 300g
물 480ml
레몬즙 1tbsp
월계수잎 2장
통후추 5알

method

1 생강은 깨끗이 씻은 뒤 숟가락으로 긁어가며 껍질을 벗긴다.
2 껍질을 벗긴 생강은 2~3mm 두께로 썬다.
3 2의 생강에 분량의 설탕을 잘 비벼 섞고 생강 속 진액이 나올 때까지 2시간 이상 실온에 둔다.
4 생강 진액이 우러나면 물, 레몬즙, 월계수잎, 통후추와 함께 냄비에 담고 센 불에서 끓인다.
5 보글보글 끓어오르면 거품을 걷어 내고, 중불에서 30분 가량 졸인다.
6 불을 끄고 뜨거운 시럽이 따뜻해질 때까지 실온에서 식힌다.
7 체에 밭쳐 건더기를 걸러 내고, 액은 소독해 둔 밀폐 용기에 담는다.

- 생강 시럽을 끓일 때 레몬즙을 많이 넣으면 생강 레몬 시럽을 만들 수 있다.
- 냉장 보관한다.

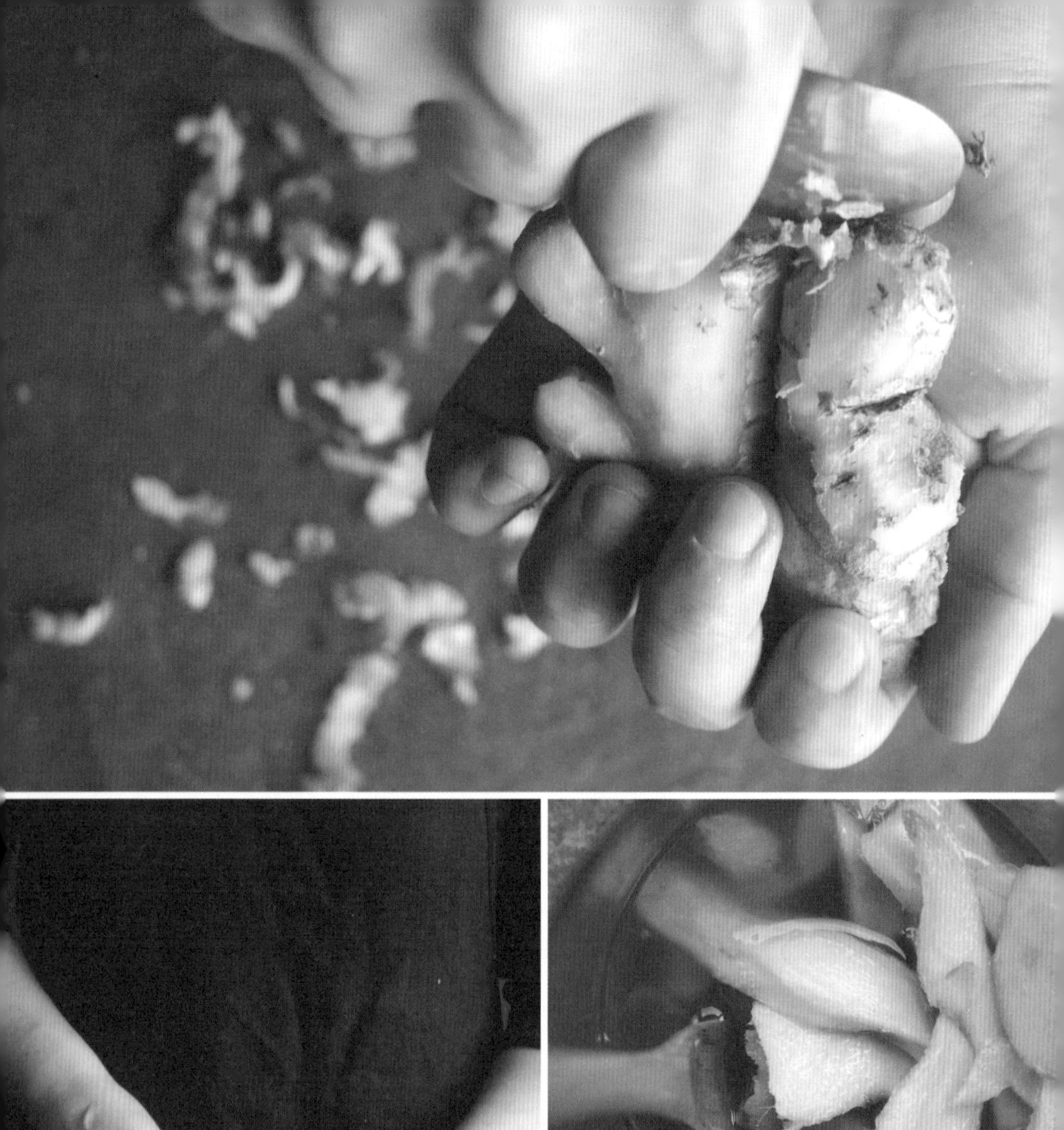

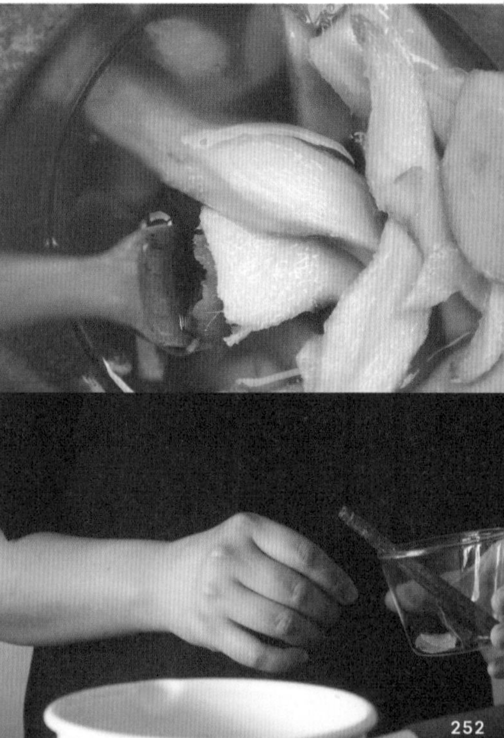

Ginger Jam

생강 잼

인시즌은 제과를 시작하게 된 동기나 접근하는 각도가 남다르다. 베이커라면 페이스트리에 어울리는 잼이나 필링을 찾는 것이 일반적일 텐데, 우리는 반대로 시작했다. 우리 잼에 가장 잘 어울리는 빵을 굽기 위해서 베이킹을 시작했기 때문이다. 거꾸로 잼에 잘 어울리는 빵을 찾다 보니 잼의 재료마다 잘 어울리는 밀가루가 다 다르다는 사실을 발견하게 되었다. 그런 점에서 이 생강 잼은 절대적으로 박력분이 잘 어울린다. 특히 박력분으로 만드는 쿠키나 케이크, 타르트 등에 견과류와 함께 생강 잼을 곁들이면 겨울철 최고의 베이커리를 맛볼 수 있다. 더 쉽게 말하자면, 생강 잼은 식빵(강력분)보다 쿠키(박력분)에 발라 먹는 쪽이 훨씬 맛있다.

300g 분량

ingredient

생강 시럽을 끓이고 걸러 낸 생강 슬라이스 200g
황설탕 또는 유기농 원당 100g
물 100ml
레몬즙 1tsp

method

1. 냄비에 생강 슬라이스, 설탕, 물을 담고 설탕이 녹아 끈적해질 때까지 팔팔 끓여 생강 잼용 시럽을 만든다.
2. 1을 믹서로 잘게 갈아 준다.
3. 안쪽 표면이 코팅된 냄비에 2를 담고, 레몬즙을 넣어 센 불에서 끓인다.
4. 한 번 크게 끓어오르면 불을 약한 불로 줄이고 진한 올리브(혹은 생강 껍질) 색이 될 때까지 졸인다.
5. 점성이 생기면 불을 끄고 미리 소독해 둔 유리병에 담는다.
6. 유리병 뚜껑을 닫고 위아래로 뒤집어 병 속 공기를 빼준다.

◦ 냉장 보관하면 3개월 정도 먹을 수 있다.

Ginger Lemonade
(Ginger Ale)
진저 레모네이드

봄 교토 출장 길에 기막힌 수제 맥줏집을 발견했다. 태생적으로 알코올 분해 효소가 없지만 건배라도 나누려고 골랐던 진저 에일 한 잔. 가득 피어오르는 기포 속에서도 생생강의 진하고 매운 맛이 그대로 살아 있어 매력이 가득했다. 사실 술집을 제외하면 국내에서 진저 에일을 구하기란 쉬운 일은 아니다. 한때는 일본 출장 길에 아시아나 항공을 타고 '진저엘'을 맛보는 것이 유일했던 시절도 있었다. 결국 국내에서 맛있는 진저 에일을 먹고 싶어서 생강 시럽을 끓이기 시작했을지도 모르겠다. 시원하게 부서지는 얼음과 탄산에 남아 있는 생강의 온기, 여기에 레몬즙 몇 방울을 넣으면 교토의 수제 맥줏집에서 맛본 진저 에일도 그립지 않다.

300ml 분량

ingredient

차가운 탄산수 300ml
생강 시럽 3⅓~4tbsp(50~60g)
생강 시럽을 끓이고 걸러 낸 생강 슬라이스 1~2개
레몬 슬라이스 1개
레몬즙 2~3tsp
얼음 약 10개

method

1 유리컵에 분량의 생강 시럽을 담는다.
2 탄산수를 붓고 잘 저어 준다.
3 레몬즙을 넣어 새콤한 맛을 조절한다.
4 원하는 만큼 얼음을 넣고 레몬과 생강 슬라이스로 장식한다.

- 뉴질랜드에서는 생강 시럽을 약국에서 팔기도 한다. 그만큼 생강은 우리의 체온을 올려 주는 좋은 식재료다. 몸이 찬 사람은 에이드 대신 따뜻한 차로 마시면 더 좋다.
- 생강 시럽을 끓이고 걸러 낸 생강 슬라이스가 없으면 생생강 슬라이스를 1개 넣어도 좋은데, 아이들이 마시기엔 조금 매울 수 있다.

Ginger Chips

생강 칩

시골에서 혼자 사시던 할머니는 유난히 당신의 간식거리만큼은 손주들이 만지지 못하도록 벽장에 감춰 두고 몰래 꺼내 드시곤 하셨다. 그 당시 어린 마음에는 할머니가 두 시간씩 밥솥으로 쪄서 만들어 주신 카스텔라보다도 벽장 속에 숨겨 두신 할머니의 간식이 먹고 싶었다.
어느 장날, 할머니와 이것저것 장을 봐 가지고 돌아오던 길, 내 손에 쥐어진 봉지 중에 할머니의 간식거리가 담겨 있었다. 할머니 몰래 봉지 속에서 큼지막한 조각을 하나 꺼내 감춰 들고 뒤뜰로 숨었다. 거의 손바닥만 한 크기의 조각을 한 입에 넣고 씹었다. 순간 생강의 맵고 알싸한 맛이 입안을 덮었다. 그해 여름을 통틀어 그날 가장 크게 울었다.

약 100g 분량

ingredient

생강 시럽을 끓이고 걸러 낸 생강 슬라이스 200g
백설탕 또는 유기농 원당 약간

method

1. 생강 시럽을 끓이고 걸러 낸 생강 슬라이스는 설탕에 한번 굴린다.
2. 그대로 채반이나 쟁반 위에 펴서 말린다.
3. 다 마르면 생강에 묻은 설탕을 털어 내고, 미리 소독해 둔 밀폐 용기에 흡습제와 함께 담는다.

- 설탕을 묻혀야 생강이 잘 마른다.
- 한 번 끓인 생강은 매운맛이 덜해 맛있게 먹을 수 있다. 바삭하게 먹고 싶다면 먹기 전 냉동실에 몇 시간 넣어 둔다.

Ginger Milk

진저 밀크

생강만큼 호불호가 강한 향신료도 드물다. 독하고 매운 인상이 강해서 그럴까. 직접 생강으로 제품을 만들기 전까지 '생강 맛'이 무엇인지 잘 몰랐다. 어떻게 먹으면 좋은지는 더더욱 알 길이 없었다. 생강이 우유와 잘 어울린다는 사실도 최근에 들어서 알았다. 매년 참가하는 서울 카페쇼(Seoul Café Show)에서 시음을 위해 생강 시럽에 우유를 타면 사람들의 대다수는 놀라거나 의심에 찬 눈빛으로 쳐다본다. 그러나 조심스럽게 한 모금 맛을 보면 바로 그 눈빛이 호감으로 변한다. 생강과 우유. 아마 가장 쉽고 맛있게 생강을 먹을 수 있는 방법일 것이다.

300ml 분량

ingredient

생강 시럽 3⅓tbsp(50g)
생강 시럽을 끓이고 걸러 낸 생강 슬라이스 2개
우유 250ml

method

1 밀크팬(또는 냄비)에 준비한 재료를 모두 담고 중불에서 끓인다.
2 냄비 주변에 작은 기포들이 올라오면 유막이 생기기 전에 불을 끈다.
3 데워 둔 찻잔에 담아 따뜻하게 즐긴다.

아이스 진저밀크 만드는 방법(300ml 분량)

ICE 우유 200ml+생강 시럽 3⅓tbsp+생강 시럽을 끓이고 걸러 낸 생강 슬라이스 2개+얼음 10개

Ginger Bread Cup Cake

진저브레드 컵케이크

외국에서 생강을 재료로 한 대표적인 베이킹을 꼽으라면 '진저브레드'라고 할 수 있다. 여기서 소개할 진저브레드 컵케이크는 크리스마스 진저브레드 쿠키 레시피에서 기인한 것으로, 생강의 향긋하고 매운 맛과 당밀의 구수한 풍미가 만나 특유의 맛을 완성한다. 유독 속살이 부드러운 컵케이크 위에 로열 아이싱 왕관을 씌워주고, 그 위에 작은 진저브레드 쿠키까지 올려 주면 최고의 크리스마스 컵케이크가 완성된다.

12개 분량

ingredient

A: 박력분 240g, 베이킹 소다 1/4tsp, 베이킹파우더 1tsp, 생강 가루 1.5tsp, 시나몬 가루 1.5tsp

B: 달걀 2개, 당밀 120ml, 사워크림 60ml, 우유 120ml

버터 170g

황설탕 200g

로열 아이싱: 버터 140g, 황설탕 80g, 크림치즈 115g, 슈거파우더 200g, 당밀(또는 무스코바도) 10g, 우유 10ml

method

컵케이크

1 버터는 상온에 두어 부드럽게 만든다.

2 A 재료는 체로 곱게 걸러주고 B 재료는 그릇에 넣고 섞어 둔다.

3 볼에 1의 버터와 황설탕을 담고 뽀얗게 될 때까지 저어 준다.

4 이어서 2의 B를 7~8번에 나누어 조금씩 넣어가며 저어준다. 이때 잘 섞이지 않는다면 A를 조금씩 넣으며 저어 준다.

5 4에 A를 넣고 주걱으로 잘 섞는다.

6 완성된 반죽을 머핀 틀에 담고 175도로 예열한 오븐에서 20~30분 구워 준다.

로열 아이싱

7 버터는 상온에 두어 부드럽게 만든다.

8 볼에 버터와 황설탕을 넣고 뽀얗게 될 때까지 저어 준다.

9 이어서 크림치즈, 슈거파우더를 넣고 뽀얗게 될 때까지 저어 준다.

10 당밀, 우유를 넣어 되직한 상태로 만든다.

11 생크림처럼 깍지 끼운 짤주머니에 넣고, 오븐에서 구워 낸 뒤 식혀 둔 컵케이크 위에 올려 준다.

Ginger Ice Cream

진저 아이스크림

생강 시럽과 우유로 진저 밀크를 만들었던 날부터 우리는 생강과 우유로 만들 수 있는 거의 모든 레시피에 도전했다. 진저 차이 라떼, 진저 밀크셰이크 그리고 진저 아이스크림까지. 인시즌 카페에서는 사계절 내내 생강을 맛볼 수 있도록. 그중 유독 사랑받았던 메뉴가 진저 아이스크림이다. 생강이 먹기 힘든 아이들도 즐겁게 먹을 수 있다.

4~5인분

ingredient

우유 250ml
생강 시럽 200g
생강 잼 3⅓tbsp(50g)
생크림 100g
레몬 제스트 약간

method

1 볼에 생크림을 담고 단단해질 때까지 저어 준다.
2 1에 우유, 생강 시럽, 생강 잼을 넣고 섞은 뒤 냉동실에서 3시간 정도 얼린다.
3 꺼내서 포크로 긁어가며 섞어 준다.
4 다시 냉동실에서 3시간 정도 얼린다. 이 과정을 두 번 반복한다.

◦ 아이스크림은 냉동 보관하며, 먹기 전 꺼내 레몬 제스트를 뿌려 준다.

Ginger Soybean

생강 된장

생강이라는 식재료의 특성 중 하나는 재료의 맛과 향이 무척 진하다는 점이다. 덕분에 진액을 우려내 시럽을 끓여도 끓여낸 시럽과 생강 슬라이스 모두 여전히 생강 본연의 강한 맛을 갖고 있다. 생강 시럽을 끓이고 걸러 낸 생강은 갈아 끓이면 생강 잼이 되고, 잘게 다져 된장에 섞으면 고기 양념으로 그만이다. 생강의 강한 맛이 고기 잡내를 잡아 주며 향기를 더해 준다. 이렇게 끝까지 버릴 것 없는 식재료도 드물다.

약 200g 분량

ingredient

시럽을 끓이고 걸러 낸 생강 슬라이스 120g
생강 시럽 100g
된장 4tbsp
맛술(혹은 청주), 간장, 소금 각 2tbsp씩

method

1 생강 시럽을 끓이고 걸러 낸 생강 슬라이스를 칼로 잘게 다진다.
2 냄비에 1의 생강과 준비한 재료를 모두 담고 섞은 뒤 센 불에서 한소금 끓인다.
3 한 번 끓어오르면 불을 줄여 약한 불에서 되직해질 때까지 졸인다.

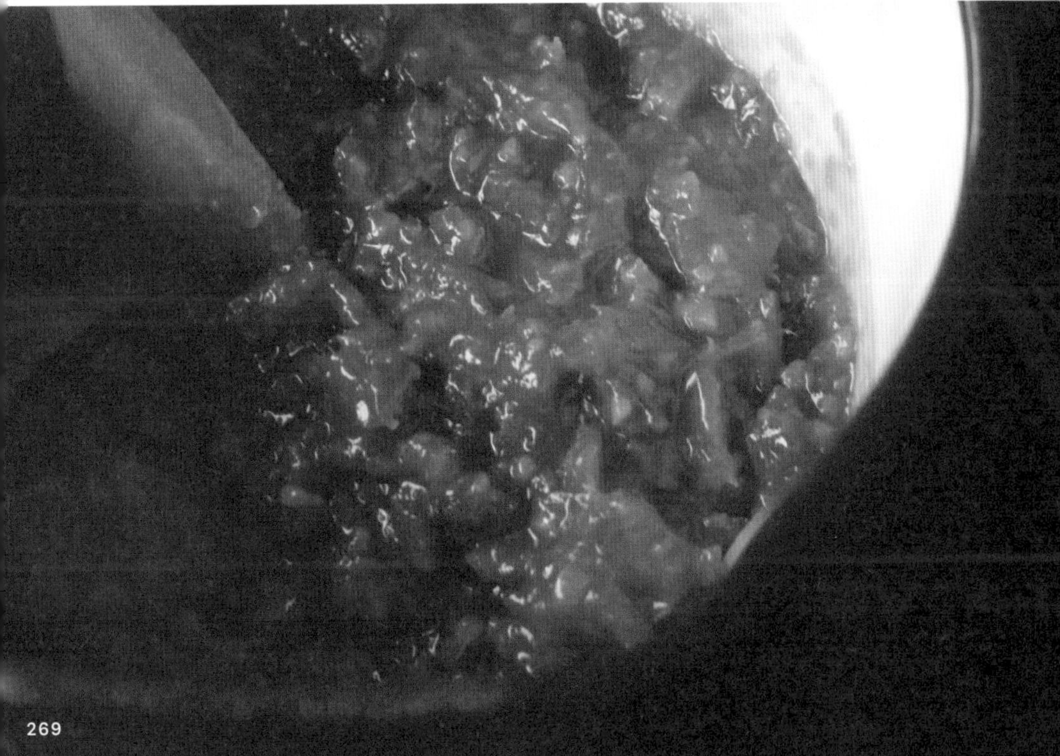

Ginger Pork-chop

돼지고기 생강구이

세계적으로 보편적인 입맛이라는 것이 정말 존재하는 걸까. 우리나라 사람들만 삼겹살을 좋아한다고 착각했던 시절이 있었다. 그런데 일본인 친구도, 중국인 친구도 모두 삼겹살을 좋아했다. 해외 여행에서 입맛에 꼭 맞는 현지 요리를 발견하다 보면, 맛있는 요리는 국적이 없는 게 아닐까 싶은 생각이 든다. 일본에서 돼지고기로 만드는 대표적인 요리는 돼지고기 생강구이다. 우리나라의 제육볶음과 비슷한데, 생강즙이 잔뜩 들어간 된장을 사용해서 굽는 것이다. 소스만 있으면 언제든 쉽게 만들 수 있다.

2~3인분

ingredient

삼겹살 400g
생강 된장 9tbsp
대파 1줄기
후추 약간

method

1 스텐 바트에 랩을 깔고 그 위에 생강 된장 절반을 펴 바른다.
2 1에 분량의 삼겹살을 올리고 그 위에 남은 생강 된장을 펴 바른다.
3 랩으로 싸서 2시간가량 재워 둔다.
4 대파는 흰 부분을 4~5cm 길이로 자른 뒤 얇게 채 썰어 물에 씻어 놓는다.
5 뜨겁게 달군 프라이팬에 3의 재워 둔 삼겹살을 올리고 양면을 굽는다.
6 그릇에 담은 뒤 4의 채 썬 대파와 후추를 뿌려 장식한다.

◦ 삼겹살은 4~5mm 정도로 썰면 먹기 좋다. 프라이팬 대신 그릴에 구워도 괜찮다.

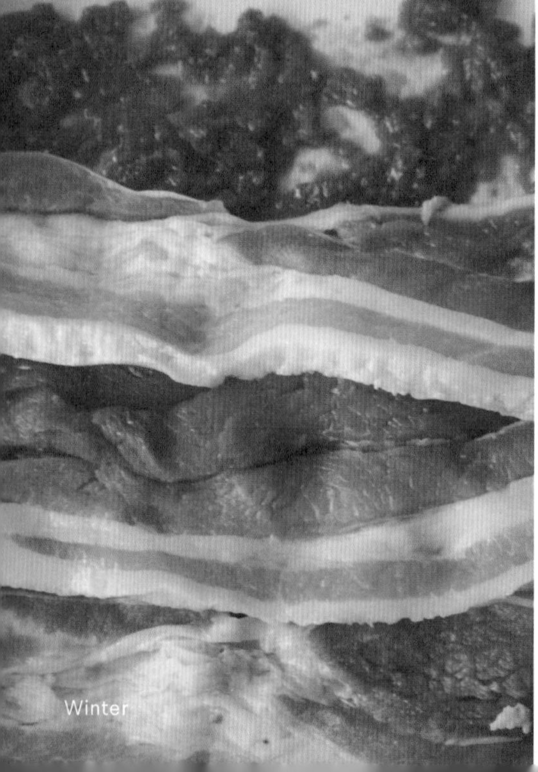

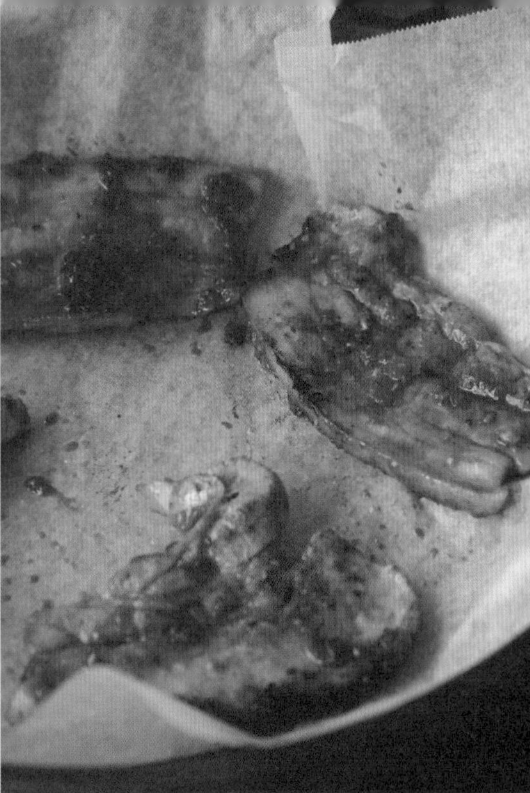
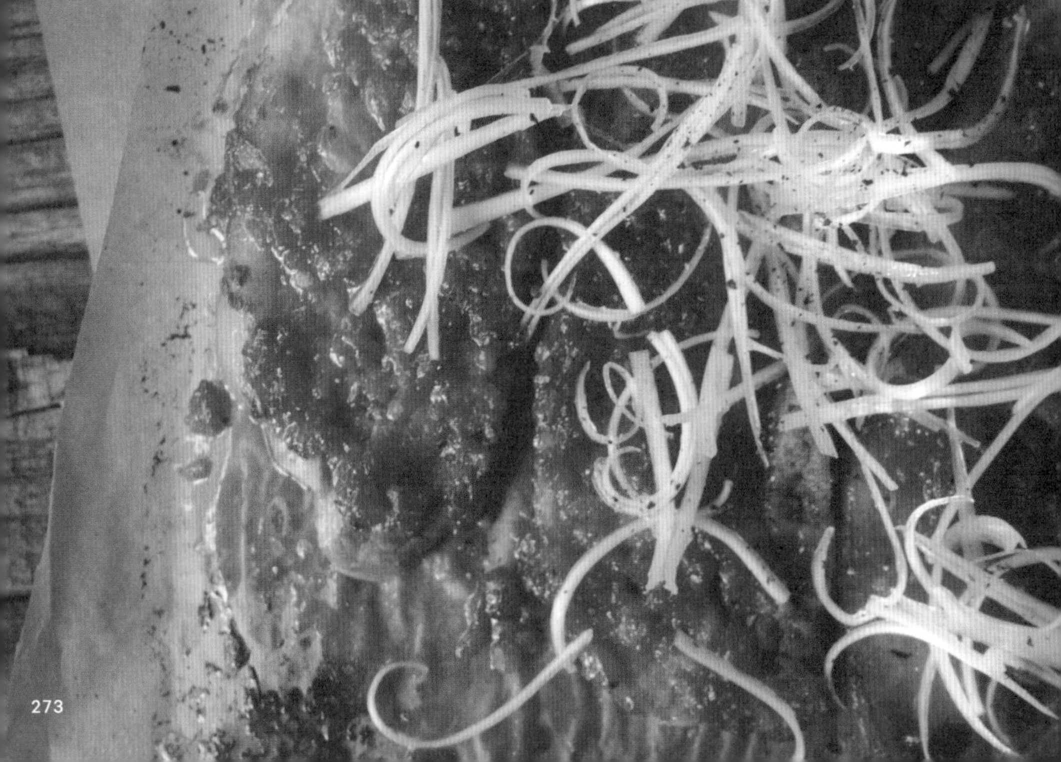

Ginger Coated Walnut

생강 호두 정과

덴마크 코펜하겐을 여행할 때였다. 숙소에서 로열 코펜하겐 본점으로 가기 위해 아침 일찍 길을 나섰다. 찬 바람이 돌바닥 길을 따라 목덜미를 사정없이 긁어 댈 정도로 추운 날이었다. 겉옷을 여미는 것만으로는 역부족이라 광장을 가로질러 본점 건물로 뛰어갈 때쯤, 광장 귀퉁이에서 독특한 노점을 발견했다. 가판대 안에는 각종 건과류와 견과류가 가득했고, 그 옆에는 우리나라 군고구마 깡통보다 조금 더 크고 위로 굴뚝 같은 통로가 연결된, 마치 기차 같아 보이는 구리 깡통이 있었다. 누군가 견과류를 고르면 그 깡통에 넣어 볶아 내고 그 위에 뜨거운 시럽을 부어 주고 있었다. 신기한 마음에 주머니에 잡히는 만큼 동전을 건네고 호두를 가리켰다. 금세 내게도 빨간 종이 콘 한가득 따끈따끈한 호두와 시럽을 부어 주었다. 지금도 생강 호두 정과를 먹을 때면 고소하고 달큼한 맛을 따라 광장을 누비던 그 날의 기억이 떠오른다.

약 250g 분량

ingredient

호두 200g
생강 시럽 100g(설탕 시럽으로 대체 가능)

method

1 달군 프라이팬에 호두를 담고 수분이 날아갈 정도로 살짝 볶아 따로 옮겨 놓는다.
2 이어서 프라이팬에 생강 시럽을 담고 끓어오를 때까지 기다린다.
3 생강 시럽이 끓어오르면 1의 호두를 넣고 잘 섞는다.
4 호두에 생강 시럽을 코팅한다는 느낌으로 계속 섞다가 생강 시럽이 거의 줄어들면 불을 끈다.
5 그대로 서늘한 곳에 프라이팬을 두고 호두 표면에 코팅된 생강 시럽이 하얀 가루가 될 때까지 위아래로 계속 섞는다.
6 주걱에 닿는 호두 표면이 까슬까슬하고 바삭하게 느껴지면 완전히 식을 때까지 그대로 둔다.

This Christmas

Our Small Table

지난 토요일 저녁, 인시즌의 연남동 키친에서는 작은 파티가 있었다. 올 한 해 우리와 함께 해 주신 고마운 분(이라고 쓰고 친구라 읽는다)들을 순서 없이 초대했다. 언제나 그랬듯 격식 있는 자리가 아니다. 가스레인지 위에 올려놓은 뱅쇼 한잔에 맛있는 음식을 잔뜩 차리고 다같이 즐겁게 어울려 먹는다. 오븐 요리부터 라면까지 그 요리의 스펙트럼은 꽤 다양한 편. 인시즌에서는 매년 치킨을 굽고, 디저트로 시나몬 롤을 준비한다. 친구들이 들고 온 음료 혹은 와인을 나누고. 그보다 더 진한 지난 한 해의 사는 이야기들로 공간을 가득 채운다. 서로 모르는 사람들도 있어 자리가 어색할까 했던 걱정이 무색할 만큼, 다들 자신의 삶을 쪼개 스스럼 없이 내어주었고. 그렇게 따뜻한 자리는 저녁 6시에 시작해서 새벽 2시까지 이어졌다. 함께 뒷정리를 하면서, 우리에게 올 한 해 무엇이 남아 있는가를 어렴풋이 생각했다.

Simple Cheese Plate & Bruschetta

심플 치즈 플레이트 & 브루스케타

치즈 플레이트는 곁들이는 와인에 따라, 과일에 따라 혹은 곁들이는 음식에 따라 수없이 다양한 방법이 있다. 화이트 와인에는 가볍고 부드러운 치즈에 달콤한 과일들을 곁들여 파스텔 컬러의 플레이팅을 하고, 빈티지 와인에는 하몽이나 살라미 같은 생햄에 모차렐라 치즈, 올리브, 견과류를 곁들인다. 모양새를 내고 싶을 땐, 치즈의 종류를 다양하게 갖춰 주면 된다. 딱딱한 경성 치즈 한 종류에 반경성 치즈, 완전 연성 치즈를 섞어 내는 식이다. 예를 들면 파르메산 치즈를 작은 덩어리째 올리고, 반경성 치즈로 무난한 고다나 에담 등을 곁들이고 연성 치즈인 카망베르나 후레시 치즈인 리코타 혹은 모차렐라 등을 곁들이면 된다. 맛과 향, 질감이 겹치지 않도록 올리는 것이 포인트. 상온에서 치즈의 질감과 향을 즐길 수 있도록 파티를 시작하기 1시간 전에는 미리 꺼내 두는 편이 좋다.

Handmade Ricotta Cheese

수제 리코타 치즈

가장 손쉽게 우유로 만드는 프레시 치즈. 잼과 함께 그냥 빵에 발라 먹어도 좋고, 샐러드부터 라비올리까지 다양한 요리에 활용하면 우유의 부드럽고 포근한 맛을 더해준다.

300~400g 분량

Ingredient

생크림 250g
우유 500ml
레몬즙 2tbsp
소금 1/2tsp

Method

1. 냄비에 우유와 생크림을 담고 센 불에 끓인다.
2. 냄비 가장자리에 작은 거품이 올라오면 레몬즙, 소금을 넣고 불을 줄여 중간 불에서 10분 더 끓인다.
3. 몽글몽글하게 덩어리가 굳어지면 깨끗한 면보에 담고 체에 밭쳐 수분을 걸러 준다.
4. 그대로 냉장고에 넣어 반나절 정도 굳힌다.

Bruschetta

브루스케타

브루스케타는 이탈리아의 전채 요리로 살짝 바삭하게 구운 바게트 위에 간단한 요리를 올린 오픈 샌드위치를 말한다. 간단한 요리를 올리는 만큼 핑거 푸드로 사랑받는 메뉴이기도 하다. 브루스케타에 가장 많이 곁들이는 것이 이탈리아식 양념장이라 할 수 있는 페스토와 오일로 절인 각종 채소들 그리고 갓 만든 리코타 치즈다. 누구나 쉽게 만들어 볼 수 있는 인시즌식 브루스케타를 소개한다.

Caprese Bruschetta

카프레제 브루스케타

이름 그대로 카프레제 샐러드를 바게트 위에 올린다. 구운 바게트의 안쪽 면을 마늘로 문질러 향을 입힌 뒤 바질 페스토를 잘 펴 바른다. 그 위에 방울 토마토와 모차렐라 치즈를 작은 크기로 잘라 올려 주고 생바질잎 또는 파르메산 치즈로 장식한다.

Ricotta Mushroom Bruschetta

리코타 양송이 브루스케타

갈색이 날 때까지 볶은 양파와 발사믹 글레이즈에 얇게 썬 양송이를 볶아 준다. 구운 바게트의 안쪽 면을 마늘로 문질러 향을 입힌 뒤 부드러운 리코타 치즈를 넉넉히 발라 준다. 그 위에 살짝 볶은 양송이를 넉넉히 올린다.

Apple Brie Bruschetta

애플 브리 브루스케타

대표적인 달콤한 브루스케타 메뉴다. 구운 바게트의 안쪽 면에 사과 잼을 넉넉히 발라 주고 브리나 카망베르 같은 부드러운(연성) 치즈를 올린다. 그 위에 슬라이스한 생사과와 잘게 부순 호두를 올려 장식한다.

Vin Chaud

뱅쇼

프랑스어로 따뜻한 와인이라는 의미의 뱅쇼는 와인에 시나몬, 과일 등을 넣어 끓인 유럽 전통 크리스마스 음료다. 주재료인 레드 와인이 항산화 물질의 공급원으로 알려진 데다 과일에 함유된 비타민C가 면역력 개선, 피로 회복의 효과가 있다고 해 겨울철 감기 예방의 목적으로 마시기도 한다. 레시피에서 소개하는 재료가 아니어도 괜찮다. 냉장고에 남은 과일이나 저렴한 와인을 사용해서 만들어도 좋다.

와인 1병 분량

Ingredient

사과 1개
오렌지 1개
귤 2~3개
레드 와인 1병
시나몬 스틱 5개, 정향 5알, 통후추 10알, 카다멈 2~3개, 넛맥 1/2tsp

Method

1. 냄비에 모든 재료를 담고 중불에서 10분 정도 끓인다.
2. 한 번 끓어오르면 불을 끄고 향과 맛이 우러나도록 30분간 휴지한다.
3. 마시기 전 다시 데워 따뜻하게 마신다.

Honey Mustard Garlic Chicken

허니 머스터드 갈릭 치킨

네 살짜리 조카에게 제일 중요한 행사는 케이크의 초를 불고 박수 받는 날, 그리고 치킨 먹는 날이다. 크리스마스는 이 두 가지가 겹친 아주 행복한 날인 셈이다. 저녁 식사도 하기 전부터 베란다에 둔 케이크의 안부를 묻고, 테이블 너머의 치킨 냄새에 질문이 수십 가지다. 왜 배달한 치킨이 아닌가부터 여기 발려 있는 양념의 정체가 무엇이냐고. 엄마 몰래 1개만 먹어 보면 안 되냐는 깜찍한 애교에 슬쩍 한 덩어리 입에 넣어 주니 앞에서 춤을 춘다. 처음 양념 치킨의 세계에 입문한 조카에게, 직접 만들어 덜 자극적인 치킨으로 시작해서 다행이라는 생각이 들었다.

1마리 분량

Ingredient

생닭 1마리
고구마 1개
감자 작은 크기 2개
새송이 버섯 2개
버터 1/2tbsp

닭 마리네이드 재료

화이트 와인 1/2컵
로즈메리, 타임 등 말린 허브 1/2tsp
소금 약간
후추 약간

허니 머스터드 갈릭 소스

홀그레인 머스터드 200g
꿀 100g
간 마늘 1tbsp

Method

1 닭은 깨끗이 손질한 뒤 소금, 후추로 밑간을 하고 와인과 허브에 절여 냉장고에서 3~4시간 숙성시킨다.
2 뜨겁게 달군 팬에 버터를 넣고 1의 마리네이드한 닭을 올려 센 불에서 튀기듯이 굽는다.
3 겉면이 바삭하게 구워질 정도로 익으면 불을 끈다.
4 새송이 버섯, 감자, 고구마는 깨끗이 씻어 한 입 크기로 썬 다음 감자, 고구마는 끓는 물에 살짝 데친다.
5 홀그레인 머스터드, 꿀, 간 마늘을 한데 섞어 허니 머스터드 갈릭 소스를 만든다.
6 오븐 팬에 4의 야채를 깔고 그 위에 3의 닭을 올린다. 이때 닭을 구웠던 팬에 남은 기름도 함께 넣어 준다.
7 이어서 닭 겉면에 허니 머스터드 갈릭 소스를 2/3 정도 넉넉히 발라 준다.
8 180도로 예열한 오븐에서 15분 정도 굽는다.
9 중간에 팬을 꺼내 닭을 뒤집고 남은 허니 머스터드 갈릭 소스를 바른다.
10 이어서 다시 오븐에 넣고 15분 정도 굽는다.
11 닭이 다 익었는지 꼬챙이로 찔러 확인하고, 다 익었으면 테이블에 올려 다 함께 즐긴다.

Cinnamon Roll

시나몬 롤

처음 핀란드의 빵집에 들어갔을 때 제일 먼저 찾았던 것은 시나몬 롤이었다. 굳이 이케아 레스토랑이나 영화 카모메 식당을 떠올리지 않아도, 문자를 읽을 수 없는 북유럽 베이커리에서 가장 안전한 빵을 골랐다고도 볼 수 있다. 한 가지 간과한 것이 있다면, 세계에는 다양한 종류의 시나몬이 있다는 점. 우리나라는 가까운 베트남산 시나몬(Cassia)을 주로 사용한다면, 헬싱키나 유럽에서는 '참시나몬(True Cinnamon)'이라 불리는 실론 섬의 시나몬이 일반적이다. 이 둘은 향기부터 맛까지 꽤 많은 차이가 난다. 특히 실론산 계피는 단맛이 강하고 특유의 향기도 베트남산보다 훨씬 강하다. 인도 요리도 잘 못 먹는 내가 이렇게 스칸디나비아반도에서 인도 향기를 만끽하게 될 줄은 몰랐다. 시나몬 롤 현지의 맛이 궁금하다면, 계핏가루부터 달라져야 한다.

◦ 원래 시나몬(계피)이란 계수나무과의 나무 줄기의 껍질을 말한다. 한방차에서 쓰는 통계피는 가장 겉껍질을 잘라낸 것이라면, 시나몬 스틱이라 불리는 것은 겉껍질 안쪽의 속껍질을 벗겨 말린 것이다. 베트남산은 조금 두꺼운 두께로 홑겹인 반면, 실론섬의 계피는 훨씬 얇은 나무 껍질 층이 겹겹이 말려 있는 형태로 단맛이 강한 것이 특징이다.

12개 분량

Ingredient

롤 반죽
따뜻한 우유 1컵
달걀 2개
강력분 4컵
드라이이스트 2½tbsp
버터 1/3컵
생크림 3/4컵
백설탕 1/2컵
소금 1tsp

시나몬 필링
흑설탕 1컵
시나몬 가루 1/2tsp
버터 1/3컵(시나몬 필링 바를 때 쓸 분량)

아이싱
크림치즈 120g
버터 1/4컵
소금 1/8tsp
슈거파우더 1½컵
우유 3큰술

Method

롤 반죽

1 볼에 따뜻한 우유와 설탕을 넣고 설탕이 녹을 때까지 저어 준다.
2 드라이이스트를 넣고 섞은 뒤 실온에서 10분 정도 둔다.
3 달걀 2개, 소금, 실온에서 녹인 버터를 넣고 잘 섞는다.
4 강력분을 넣고 섞은 뒤 손에 반죽이 묻어나지 않을 때까지 반죽한다.
5 반죽을 동그랗게 만든 뒤 젖은 수건을 덮는다.
6 반죽이 2배로 부풀 때까지 따뜻한 곳에 둔다.

아이싱

7 버터는 상온에 두어 부드럽게 만든다.
8 볼에 크림치즈와 버터를 넣고 섞는다.
9 소금과 슈거파우더를 넣고 슈거파우더가 완전히 녹을 때까지 섞는다.
10 우유를 넣어 농도가 걸쭉해질 때까지 저어 준다.

시나몬 롤

11 볼에 흑설탕, 시나몬 가루를 넣고 섞어 시나몬 필링을 만든다.
12 만들어 둔 반죽에 밀가루를 살짝 뿌리고 가로 50cm×세로 30cm 크기의 사각 모양이 되게 밀대로 밀어 준다.
13 반죽 위에 버터를 발라 주고 준비한 시나몬 필링을 반죽 전체에 고루 뿌린다.
14 김밥처럼 둥글게 만 다음 12등분으로 나눈다.
15 오븐 팬 위에 서로 붙지 않게 올리고 젖은 수건을 덮는다. 2배로 부풀 때까지 따뜻한 곳에 둔다.
16 반죽이 부풀어 오르면 위에 생크림을 뿌린다.
17 180도로 예열한 오븐에서 15~20분간 노릇하게 굽는다.
18 오븐에서 꺼내 한 김 식히고 준비한 아이싱을 바른다.

All that Milk Tea

올 댓 밀크티

홍차를 처음 배운 것은 스물여섯살, 아일랜드 더블린에 위치한 한 변호사 사무실에서 인턴 생활을 하면서였다. 아침이면 대표 변호사인 미스터 브래들리가 모닝티를 타주기 위해 전 직원(이라고 해도 일곱 명이다)이 앉아 있는 사무실을 한 바퀴 돈다. 이름이 불리면 자신의 차 취향을 말하면 된다. "우유에 설탕 2스푼 추가(With milk and 2 sugar)" 같이. 물론 기본은 커피가 아니라 홍차에 대세는 밀크티다. 우리나라의 커피믹스 같은 셈이다.
오후의 티타임은 자유로웠다. 운이 좋으면 마크스 앤드 스펜서(Marks and Spencer)의 버터 쿠키부터 간단한 초콜릿까지 간식 선반에 놓여 있었다. 바깥 심부름을 하고 돌아오는 날이면 오후 티타임에 즐기는 한잔의 홍차와 버터 쿠키가 큰 즐거움이었다. 하루에도 7번씩 날씨가 바뀌는 아일랜드의 봄가을은 특히 바람이 사납고 때론 비바람이 섞여 휘몰아친다. 변덕스런 날씨에 지쳐 돌아오면 수고했다고 옆자리 직원이 타 주던 한잔의 진한 밀크티, 그 맛을 기억한다. 지금도 떠올려보면 그 사무실의 홍차 티백은 라이온스(Lions)라는 브랜드의 저렴한 보급형 제품이었다. 그 후 수많은 고급 홍차를 접해 보았지만, 여전히 내가 기억하는 첫 번째 홍차 맛은 그 시절 라이온스다.

English Milk Tea

잉글리시 밀크티

굿 모닝 티(Good Morning Tea)부터 베드타임 티(Bedtime Tea)까지 영국인은 하루에 일곱 번 차를 마신다. 마시는 시간에 따라 홍차의 종류는 조금씩 차이가 있다. 주로 아침에는 카페인이 강한 잉글리시 브렉퍼스트를 마시고, 오후에는 티타임을 통해 디저트와 함께 다양한 가향차를 즐기는 편으로 볼 수 있다. 영국에서 마시는 홍차란 기본적으로 밀크티를 말한다. 그래서 가장 쉽고 간단한 방법으로 마시고 즐긴다. 영국인에게 밀크티는 일상이지 이벤트가 아니기 때문이다.

ingredient

홍차 2.5~3g(티백의 경우 1개)
뜨거운 물 150ml 정도
우유, 설탕 약간씩

method

1. 밀크티를 마실 찻잔은 뜨거운 물(분량 외)을 담아 데운다.
2. 티포트나 머그컵 안에 준비한 잎차 혹은 티백을 넣고 뜨거운 물을 붓는다.
3. 3~5분 정도 기다린 뒤 차가 우러나면 잔에 담는다.
4. 취향에 따라 우유(50~100ml)와 설탕양을 조절하여 넣는다.

◦ 우유의 경우 너무 많이 부으면 홍차의 맛이 희미해지므로 100ml를 넘지 않게 넣는다.

Chai Milk Tea

차이 밀크티

차이 밀크티는 잎차의 원산지 스리랑카(실론 섬)에서 마시는 밀크티 방식이다. 이 지역은 차뿐만 아니라 커피도 구리 냄비에 진하게 끓여 마신다. 대체로 좋은 잎차는 수출하고 남은 찻잎 부스러기들을 뭉쳐 만들었다고도 알려진 차이 티는 동글동글 한약의 환과 같은 모양이다. 여기에 실론 섬 특유의 향취가 담긴 시나몬, 정향(클로브, Clove), 카다멈(Cardamom) 등이 함께 들어가 차이만의 감칠맛과 향을 더한다. 겨울철 스산한 바람이 불기 시작할 때면 유독 진한 차이 밀크티가 생각난다.

Ingredients

차이 티 6~7g
밀크티에 넣을 우유 250ml와 생강 시럽 2tbsp(기호에 따라)
티 스트레이너

Method

1 밀크팬에 분량의 차이 티를 넣는다.
2 분량의 우유를 넣고 중간 불로 잘 끓여 준다.
3 냄비 주변에 작은 기포들이 올라오면 유막이 생기기 전에 불을 끈다.
4 데워 둔 찻잔에 티 스트레이너를 걸고 밀크티를 내린다.
5 기호에 따라 진저 시럽을 넣고 따뜻한 차이라테를 즐긴다.

아이스 차이라테 만드는 법

1 전날 밤, 다시백에 분량의 차이 티를 넣고 분량의 우유에 냉침해서 냉장고에 넣어 둔다.
2 12시간이 지나면 차이 티백을 꺼내고, 좋아하는 단맛 기호에 따라 진저 시럽을 넣어 즐기면 된다.

Royal Milk Tea

일본식 로열 밀크티

영국인들의 홍차 습관은 일본의 차 문화에도 큰 영향을 미쳤다. 도쿄의 어느 거리에서도 티룸(홍차를 마실 수 있는 찻집)을 쉽게 찾을 수 있고, 애프터눈 티 테이블도 즐길 수 있다. 영국에서는 뜨거운 홍차에 실온의 우유를 부어 마시는 간단한 밀크티지만 일본에서는 밀크팬에 우유와 홍차를 넣고 끓여 진하게 새로운 맛을 만들어낸다. 일본식 로열 밀크티는 홍차가 진하게 우러난 맛이 특징으로 카페인이 강한 홍차들을 선호하는 편이다. 주로 장미 향이 나는 우바(Uva)나 잎이 작은 아삼(Assam)이나 향이 뚜렷한 얼그레이(Earl-grey) 등이 좋다.

ingredient

홍차 티백 혹은 CTC 홍차(잎차보다는 가루 형태의 입자가 작은 차) 6~7g
물 150ml
우유 250ml
설탕 약간
티 스트레이너

method

1 밀크팬에 물을 넣고 끓인다.
2 물이 끓어오르면 홍차를 넣고 약한 불로 줄여 4~5분간 끓인다.
3 홍차가 우러나면 우유를 넣고 중간 불에서 끓인다.
4 냄비 가장자리에 작은 기포가 올라오면 유막이 생기기 전에 불을 끈다.
5 뚜껑을 닫고 1~2분가량 우유 향이 잘 밸 수 있도록 둔다.
6 미리 데워 둔 찻잔에 티 스트레이너를 걸고 밀크티를 붓는다.
7 취향에 따라 설탕을 넣는다.

1월 / 유자 그리고 당유자

향기를 먹는 과일

직접 유자를 손에 쥐고 껍질을 까던 날, 옛날 사람들은 어떻게 유자로 차를 담가 먹을 생각을 했을까 궁금해졌다. 어떻게 주먹만 한 열매에서 스무 개도 넘는 씨앗이 나오는지 단면을 잘라 보면 더 기가 막힌다. 크기에 비해 열매가 가벼운 데도 다 이유가 있다. 이토록 부실한 과육의 열매는 본 적이 없으니까. 심지어 그 부실한 과육에서 나오는 과즙은 신맛을 넘어 쓴맛이 나고, 껍질 향기도 날것으로 맡으면 현기증이 날 정도로 강한 편이다. 지독할 정도로 향기로움만 가득 뭉쳐진 노란 열매를 일일이 씨앗을 발라내고, 껍질을 채 썰어 병에 담자면 이렇게 손이 많이 가는 과일도 드문 편이다. 그럼에도 유일하게 간직할 만한 과실의 향기는 차가 되고, 지금껏 우리의 익숙한 이른 봄날이 되었다.

Raspberry Yuja Pear Syrup

산딸기 유자 배 청

모든 과일의 제철은 짧다. 과일에게 있어 가장 좋은 시기는 일 년 중 1~2주에 불과하기 때문에 새로운 과일이 나올 때면 유독 마음이 분주해진다. 그동안 해 보고 싶던 레시피들을 직접 다 해 보고, 그 안에서 누구나 좋아할 맛을 찾아내려면 늘 시간이 부족하다.

그날도 그랬다. 불 위에는 산딸기 잼을 올려놓고, 농원에서 보내온 유자를 여러 번 씻어 내 손질하고 있었다. 한 순간 산딸기 잼이 끓어오르면서, 비좁은 부엌 안 가득하던 유자 향 위에 산딸기 향이 겹쳐졌다. 맛을 보기 전부터 향기만으로도 이 두 과일의 어울림을 확신할 수 있었다.

2L 분량

ingredient

유자 1kg(7~8개)
배 주먹보다 조금 큰 크기 450g(1개)
냉동 산딸기 700g
백설탕 2.1kg

method

1. 유자는 껍질째 사용하므로 유자 표면에 베이킹 소다를 문지른 다음 식초 물에 10분 정도 담가 둔다. 흐르는 물에 잘 헹궈 물기를 말린다.
2. 유자 껍질을 4등분으로 잘라 벗겨 내고, 3mm 정도로 채 썬다.
3. 껍질을 벗겨낸 유자는 속껍질과 씨를 제거하고 과육만 남긴다.
4. 배는 4등분으로 잘라 가운데 심 부분을 제거하고 3~5mm 두께로 썬다.
5. 유자 과육과 채 썬 껍질, 배, 산딸기를 동량의 백설탕과 함께 비빈 다음, 밀폐 용기에 넣고 실온에서 재운다.
6. 2~3일이 지나면 냉장고에 넣어 두고 겨울엔 따뜻한 차로, 여름엔 시원한 에이드로 즐긴다.

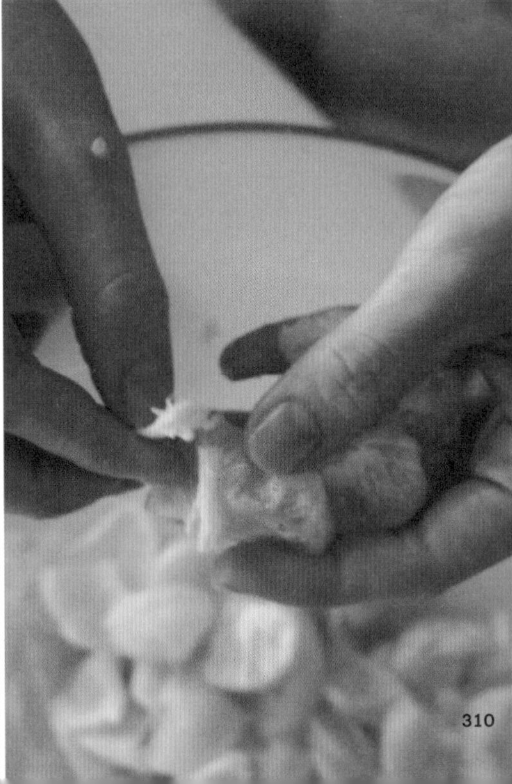

산딸기 유자 배 청 차 또는 에이드 만드는 방법(300ml 분량)

HOT 산딸기 유자 배 청 3⅓tbsp+뜨거운 물 250ml

ICE 산딸기 유자 배 청 3⅓tbsp+차가운 탄산수 200ml+얼음 10개

Yuja Bean Jelly

유자 양갱

양갱이라면 할머니 쌈지 속 연양갱밖에 모르던 내게 일본에서 만난 양갱들은 완전히 새로운 세계였다. 달달한 앙금 속에 수십 가지 맛과 향기가 예쁜 상자에 작은 단위로 담겨 있었다. 따뜻한 녹차를 즐기는 이 계절에 곁들일 양갱을 만들자면, 재료는 유자뿐. 노란 향기 물씬 풍기는 유자 양갱은 쌉싸름한 차와 탁월한 조화를 이룬다. 물론 조금 다른 방식으로 먹어 보자면 녹차 가루나 카카오 가루 같은 토핑을 더해 보는 방법도 있다. 쌉싸름한 카카오 가루를 유자 양갱에 뿌려 주면 다크 초콜릿과 유자의 맛을 동시에 즐길 수 있다.

2개 분량

ingredient

백앙금 250g
한천 가루 6g
물 1컵
백설탕 60g
유자 마멀레이드 1tbsp
유자 제스트 약간
9×16cm 양갱 틀

method

1 냄비에 분량의 물과 한천 가루를 넣고 15~20분 정도 불린 다음, 중간 불에서 가루가 다 녹을 때까지 저어 준다.
2 1에 분량의 설탕을 넣고 설탕이 투명하게 녹을 때까지 약한 불에서 끓인다.
3 백앙금을 넣고 앙금이 부드럽게 풀릴 때까지 저어 준다.
4 앙금이 다 풀리면 유자 마멀레이드를 넣고 수분이 날아가도록 약불에서 5~10분 정도 더 졸인다. 이때 바닥에 눌어붙지 않도록 계속 저어 준다.
5 준비한 양갱 틀에 스프레이로 물을 뿌린 다음, 4를 가득 부어 준다.
6 윗면에 유자 제스트를 장식하고 냉장고에서 반나절~하루 정도 충분히 식힌다.

- 밀봉 상태로 냉장 보관하면 최대 7일까지 먹을 수 있다. 그보다 오래 두고 먹을 분량은 냉동 보관한다.
- 막 끓은 유자 양갱을 틀에 넣으면 표면에 기포가 많이 올라와 실패했다고 생각할 수 있다. 당황하지 말자. 냉장고에 넣어 반나절 이상 식히면 기포는 자연스럽게 빠지고, 표면이 반들반들한 양갱이 완성된다.
- 추천한 가루 토핑은 플레이팅에 적절히 활용하면 더욱 보기 좋게 양갱을 대접할 수 있다.

Yuja White Chocolate Spread

유자 화이트 초콜릿 스프레드

소가 뒷걸음질하다 파리를 잡는 것처럼 가끔 의도치 않게 새로운 레시피가 발견되기도 한다. 유자 화이트 초콜릿이 그랬다. '발라 먹을 수 있는 초콜릿'을 만들기 위해 화이트 초콜릿에 유자 마멀레이드를 녹여낸 것뿐인데 입안에 부드럽게 녹아내리는 초콜릿 식감과 그 안에 담긴 유자 향이 마치 눈으로 가득한 하얀 겨울에 스며나오는 노란 봄빛 향기와 같았다. 한 스푼 입에 넣으면, 곧 찾아올 화사한 봄이 입안에 먼저 들어선다.

300ml 분량

ingredient

화이트 커버처 초콜릿 200g
유자 마멀레이드 3tbsp
생크림 100ml
유자 제스트 1tbsp(입맛에 따라 더 넣어도 좋다)

method

1 분량의 생크림을 끓기 직전까지 데운다.
2 화이트 커버처 초콜릿을 굵게 다져 볼에 넣고, 1의 생크림을 붓는다.
3 초콜릿이 다 녹을 때까지 고무 주걱으로 서서히 저어 준다. 완전히 녹지 않으면 중탕으로 마저 녹여 준다.
4 유자 마멀레이드는 초콜릿과 잘 섞이도록 잘게 다진다.
5 3에 4의 유자 마멀레이드와 유자 제스트를 넣어 섞은 다음 소독한 유리병에 담는다.
6 한 김 식으면 뚜껑을 덮어 다시 냉장고에서 2시간 이상 식힌다.

◦ 초콜릿 특성상 냉장고에서 숙성이 끝나도 부드럽게 긁히는 질감의 페이스트로 완성된다. 숙성 시간 동안 맛이 배기 때문에 유자 맛과 향이 막 끓였을 때보다 훨씬 진하다.
◦ 완성된 유자 화이트 초콜릿 스프레드는 냉장 보관 상태로 4주 동안 먹을 수 있다.

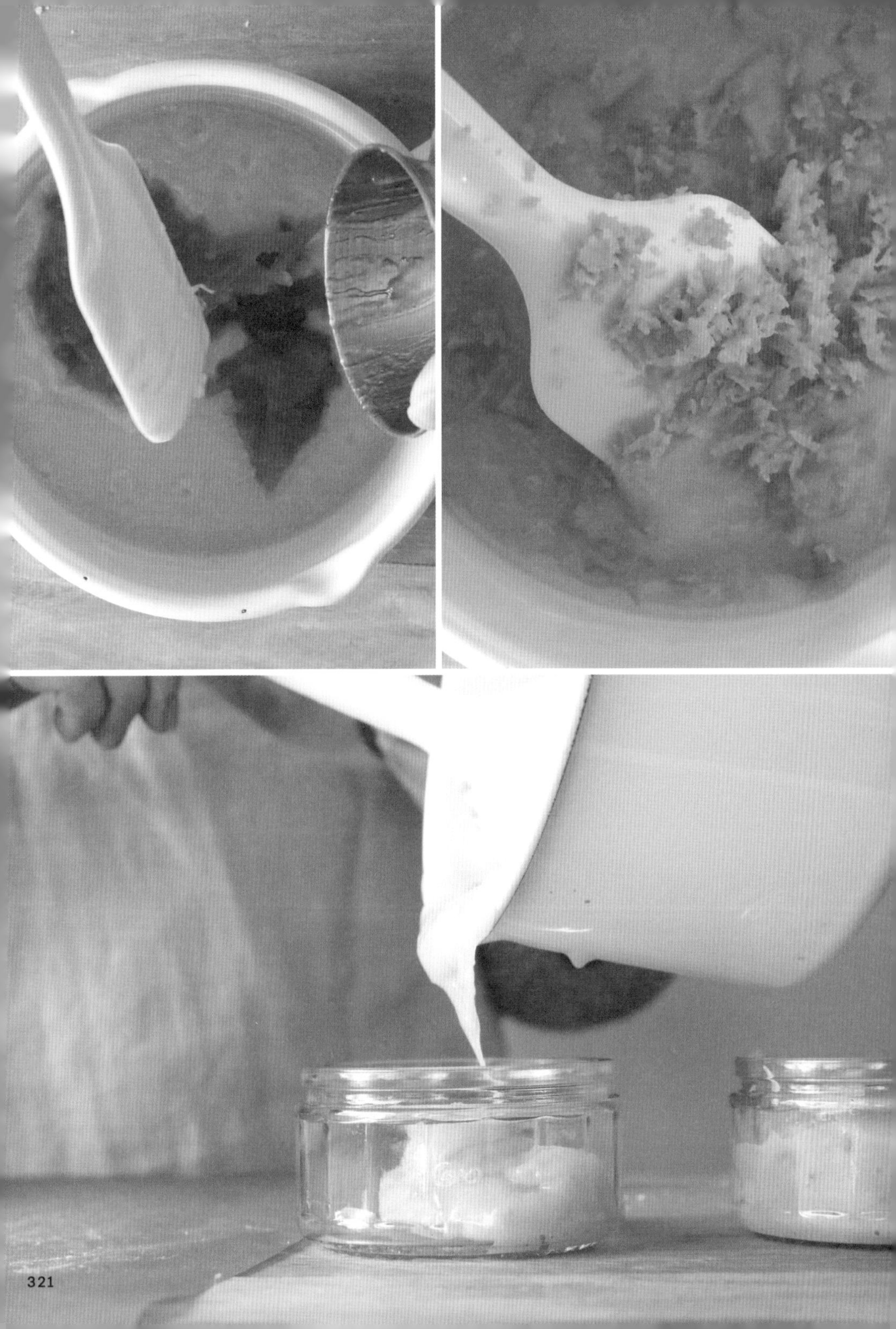

Jeju Citrus Pear Syrup

당유자 청

당유자라는 열매에 대해 들어 본 적이 있을까. 제주 방언으로 댕유지, 대유지라고도 불리는 이 열매는 제주도에서 자라는 자몽 크기 정도의 커다란 재래 귤이다. 열매가 나무에 달리는 꼭지 부분이 둥글게 튀어나와 도련귤이라고도 하는데, 큰 크기와 두꺼운 껍질에 비해 들어찬 과육이 부실하고 씨앗이 많은 것이 유자와 비슷하다.
주로 관상용으로 취급받아 오던 이 귤을, 작년 겨울 청으로 담그고 한동안 잊고 있었다. 여름이 다 되어 꺼내 탄산수에 타 보니 자연 그대로의 맛에서 익숙한 환타 오렌지맛이 났다. 물론 파는 것보다 훨씬 싱그럽고 맛과 향이 풍부하지만, 신기하게도 상업적인 음료의 맛과 절묘하게 유사하다.

2L 분량

ingredient

당유자 2kg(대략 5~6개)
배 1kg(큰 배 2개)
백설탕 2.5kg

method

1 308쪽 유자청 만드는 방법 1~2번과 같이 씻고 손질한다.
2 당유자는 특성상 껍질에서 쓴맛이 나는 흰 부분이 두껍다. 벗겨 낸 겉껍질에서 최대한 흰 부분을 칼로 벗겨 내고 남은 껍질을 3~5mm 두께로 썬다.
3 배는 4등분으로 잘라 심 부분을 제거하고 3~5mm 두께로 썬다.
4 당유자 과육과 채 썬 껍질, 배를 동량의 백설탕과 함께 비빈 다음, 밀폐 용기에 넣고 실온에서 재운다.
5 2~3일이 지나면 냉장고에 넣어 두고 겨울엔 따뜻한 차로, 여름엔 시원한 에이드로 즐긴다.

◦ 당유자를 따뜻한 차와 에이드로 즐기는 방법은 312쪽을 참조한다.

MADE IN CHINA

MINUTES
LIQUID TIME ELAPSED

Jeju Citrus Wine

당유자 담금주

당유자는 무려 조선 시대 요리책에 제주 지역 음식으로 소개되었을 정도로 작물의 역사가 깊다. 그중 지금까지 남아 있는 귀한 레시피가 바로 당유자로 담그는 술이다. 과일을 발효시켜 만드는 술은 여러 가지 방법이 전해지지만 우리가 가장 따라하기 쉬운 레시피를 골랐다. 이미 앞에서 당유자 청을 담갔다면 더더욱 쉬운 일이다. 청에서 과일 건더기를 거르는 날 걸러 낸 건더기에 다시 술을 부어 두면 당유자 담금주가 완성된다. 숙성시킬 동안 아직 생생하게 남아 있는 당유자의 향기가 서서히 술에 스며든다.

1L 분량

ingredient

당유자 청 건더기 1L병 1개분
담금주용 소주 500~600ml

method

1. 1L 밀폐 용기에서 걸러 낸 당유자 청 건더기에 분량의 담금주용 소주를 붓는다.
2. 직사광선을 피하고 서늘한 곳에 두어 1개월간 숙성시킨다.
3. 숙성된 술은 체에 밭쳐 건더기를 걸러 내고 마신다.

농원에서 배운 과일 담금주

1 과일과 설탕, 술의 비율
술은 너무 적게 넣으면 맛이 연해지고 너무 많이 넣으면 텁텁해진다. 단단한 과일(산사, 오미자, 매실 등)은 술 양을 과일 양의 1/3, 무른 과일(자두, 복숭아 등)은 술 양을 과일 양의 1/2로 맞추는 것이 적당하다. 설탕은 과일 당도에 따라 조절이 필요하지만 대체로 과일 양의 20퍼센트로 맞추면 실패할 일이 없다. 하지만 앞서 소개한 당유자 청 담금주처럼 청 건더기를 활용할 경우 설탕은 생략해도 된다.

2 건더기를 걸러 내는 시기
무른 과일은 약 2주가 지나면 과일에서 색이 빠지는데, 그때 바로 걸러 줘야 한다. 단단한 과일은 술을 담근 날로부터 100일 후에 걸러 주는 게 좋다. 만약 제때 걸러 주지 않으면 앙금이 생기고 혼탁해지는데, 이럴 땐 커피 필터로 거르면 맑은 술을 마실 수 있다.

3 숙성 기간과 보관 장소
담금주는 건더기를 걸러 냈을 때가 과일의 싱그러운 향이 막 배어 있어 과일주의 맛과 향을 즐기기에 가장 좋다. 다만 좀 더 깊은 맛을 기대한다면 가능한 한 시간을 두고 숙성시켜야 한다. 발효 효소나 담금주처럼 기간을 두고 저온 숙성을 시키는 장소는 어둡고 서늘한 장소, 즉 지하실이 가장 좋다. 지하실이 여의치 않을 경우 햇빛이 들지 않는 다용도실이나 냉장고에 보관한다.

SIMPLY IN SEASON
심플리 인 시즌

초판 1쇄 인쇄 2019년 5월 1일
초판 1쇄 발행 2019년 5월 7일

글 이소영
사진 김현정

펴낸이 윤석진
펴낸곳 도서출판 작은우주
주소 서울특별시 마포구 월드컵로4길 77, 389호(동교동, ANT빌딩)
출판등록일 2014년 7월 15일(제25100-2104-000042호)
전화 070-7377-3823
팩스 0303-3445-0808I
이메일 book-agit@naver.com

편집 시옷 **교정** 송혜진
디자인 형태와내용사이
총괄영업 김승헌
요리 어시스트 백다현

ISBN 979-11-87310-22-8 13590
값 18,000원

· 북아지트는 작은우주의 성인단행본 브랜드입니다.
· 잘못된 책은 구입한 서점에서 바꿔 드립니다.